放射能を喰らって生きる

浜岡原発で働くことになって

川上武志

緑風出版

プロローグ

秋から冬にかけて西からの季節風が家屋を揺さぶるほど激しく吹きつのり、飛砂が舞う海辺の小さな町に、降って湧いたように中部電力の原子力発電所建設の話が持ち込まれたのは、昭和四十二年（一九六七）早春のことである。

三重県の芦浜《あしはま》がもっとも有力な候補地だったが、住民の強硬な反対運動によって撤退を余儀なくされ、新候補地として静岡県の浜岡に目をつけたのだった。

建設が予定されているのは、出力五十四万キロワットの沸騰水型原子炉であった。

「万国博覧会に原子の灯を！」を合言葉に、すでに建設が決定していた関西電力の美浜原発が三十四万キロワット。日本原子力発電の敦賀原発が三十五・七万キロワット。それに、東京電力の福島第一原発1号機が四十六万キロワットだったから、その当時、建設が計画されていた中ではもっとも巨大な原子炉ということになる。中部電力の原子力にかける意気込みが充分に伝わってくる。

「原発がうらたちの町にやってくる」

浜岡が最有力地になっているという話は、混乱をまねくという理由で町民には知らされず、一部の有力者たちのトップシークレットとされていた。ところが産経新聞がその年の七月五日の朝刊の一面に、「中

電の原子力発電所　浜岡が有力に」というスクープ記事を載せることによって問題は公然化し、町は蜂の巣をつついたような大騒ぎとなった。

浜岡町史によると、「立地範囲と思われる地主の方々の驚きと、町内の皆さん方の期待と心配が渦巻き、（町役場に）問い合わせが殺到した」とのことであった。

この新聞報道から三ヵ月近くたった九月二十九日、中電は浜岡町に対して正式に発電所建設の申し入れをおこなう。


当時、必要経費に対する自前の税収などの割合を示す町の財政力指数は、〇・三五ときわめて低く、貧乏自治体の舵取りに苦慮していた河原崎貢町長の狂喜する様子が見えるようである。その頃はまだ電源三法（電源開発促進法、電源開発促進対策特別会計法、発電用施設周辺地域整備法）は成立していなかったが、原発を誘致すれば巨額の固定資産税が入ってくる。それに、稼動すれば核燃料税が町の新たな財源となるし、協力金や寄付金だって県や電力会社からたっぷりもらえることになる。

陸の孤島と呼ばれ、貧困に喘《あえ》いでいた過疎の町が、周囲から羨望のまなざしで見つめられるような豊かな町に変貌するのである。

それに静岡や名古屋、東京などの都市部への出稼ぎは、産業に乏しく、砂地ばかりという神仏にも見放されたような痩せこけた土地で生きる者にとって悲しき宿命であった。しかし原発立地が本決まりになれば、当然多くの雇用が生まれることになり、わざわざ遠方まで稼ぎにいかなくてもよくなる。いいことずくめだった。

「原発がくる前は、東京や名古屋でのビルの建設仕事や道路工事などの出稼ぎで、一年の半分以上を飯場で暮らしていた」

と「すいすいパークぷるる」の露天風呂で、お年寄りから聞いたことがあった。この施設は、屋内、屋外プールやトレーニングルーム、エアロビクス教室などを備えていて、原発立地交付金で建設された豪華な施設である。この人は1号機の建設がはじまると建設労働者として働くようになり、稼動後は下請け会社の作業員として原発内作業に携わっていたと語っていた。

「当局、町議会とも誘致賛成の態度をほぼ固めており、静岡県内初の原子力発電所建設問題は今後急速に具体化するものと見られる」と産経新聞の記事はつづいている。

保守系議員が九十％以上を占める町議会の態度は最初から決まっていた。

浜岡町としては無条件で飛びつきたいところだったが、念のために住民の意見を聞いてみることにした。すると意外にも懸念する声が多かったのである。地元住民が外人部隊と呼んでいる反対派の人々が乗り込んでくると、誘致を憂える声はさらに高くなった。十月になると「浜岡原子力発電所設置反対共闘会議」が結成され、「原発反対！」と血のような真っ赤な文字で大書された看板が町内の至るところで見られるようになった。

のちに「原発立地の優等生」と静岡県内のみならず、他県人からも揶揄《やゆ》されるようになった浜岡の人々も、原発が自分たちの町にやってくることに最初から諸手を上げて賛成していたわけではなかった。

過疎地特有の閉鎖的な土地柄であるこの町の住民にとって、原子力は恐ろしいものであった。広島や長崎に原爆が投下されて、まだ二十年ほどしか経過していない。

それにマーシャル群島沖で操業中のマグロ漁船第五福竜丸が、広島に落とされた原爆の千倍の威力を持つアメリカの水爆実験に巻き込まれて死の灰を浴び、犠牲者が出たのはわずか十三年前の昭和二十九年（一九五四）のことだった。第五福竜丸の母港は同じ静岡県内の焼津市である。

わが町になんとしても原発を誘致しなければという使命感に燃えていた河原崎貢町長は、町論をまとめるには〝錦の御旗〟が必要だと考え、水野成夫《しげお》氏を東京に訪ねる。浜岡町佐倉出身の水野氏は、国策パルプの社長、産経新聞の社長、文化放送の社長、フジテレビの社長を歴任した財界四天王の一人であった。

原発がもたらす巨大な経済効果を知っていた彼は、「これからはますます電力の需要が伸び、原子力の時代となる。小さな工場をいくつも誘致するよりも、発電所をお引き受けなさい。泥田に金の卵を産む鶴が舞い降りたようなものです」というメーッセージを浜岡の人々に送ったという逸話が「浜岡町史」に載っている。自らのふるさとである浜岡町を泥田、原子力発電所を鶴に喩《たと》えたのである。

郷里の偉人の発言が功を奏し、反対意見を口にする者は少なくなった。それにこの土地の人々にとって、原発建設の話を頭ごなしに拒否できない悔恨の歴史があった。数世代前の先祖の失敗の記憶が、深い傷となって地元の人々のDNAに刻み込まれていたのである。

それは文明化のシンボルの一つである鉄道だった。

明治の中頃、東京と関西を結ぶ大動脈として東海道線が整備されることになり、静岡県内の焼津以西は旧東海道にほぼ沿った案と、海岸線を列車が通る案が出され、その両方の測量がはじめられた。

旧東海道の宿場町である金谷、日坂《にっさか》あたりは山岳は険しく谷は深く、箱根につぐ交通の難所であった。

それゆえ鉄道省は、焼津から吉田、相良《さがら》、浜岡、横須賀、そして天竜川を渡って浜松へと抜ける海岸ルートがいいだろうと考えていた。現在の国道一五〇号線を東海道線が走っていると想像すれば、ほぼ間違いないと思う。

宿場町ルートに比べて多少距離は長くなるが、地形的に高低差が少なく、建設費もかなり安上がりになるだろうと踏んでいたのである。

明治十九年八月二十四日付けの静岡大務新聞には、「鉄道線路海岸筋に決す」という記事が載ったのをみても、海岸ルートにほぼ決まりかけていたようだが、「海の近くを列車なんか走らすと、沿岸の魚がみんな逃げちまうだ」と漁師たちが騒ぎ出した。列車の汽笛や、走行するときの轟音や振動を懸念したのである。

その他にも海運業が盛んだった相良では、老舗の廻船問屋が積荷や乗客を鉄道に奪われてしまうのを怖れて配下の者を使ったり、近隣の農民たちをけしかけて激しい反対運動を起こした。

浜岡でも「振動によって農作物の実りが悪くなる」と、いらぬ心配をした農民たちが寄り集まって騒ぎ、そのあげく測量作業を妨害したり、列車が自分たちの地所を通らないように氏神さまに祈願したという話が残っている。

それに対して、藤枝、島田、掛川などでは土地の有力者が誘致運動に力を入れ、その努力が実って現在のルート、つまり宿場町筋に沿った案が決定したということが、昭和五十六年に静岡新聞社が発行した「静岡県鉄道物語」に詳しく述べられている。

列車の轟音や振動で、「魚が逃げてしまう」とか「米の実りが悪くなる」などという話を耳にすると、なんとも浅はかなとつい笑ってしまう。

しかし他の地域でも、「煙で町が汚れる」「火の粉で藁屋根が火事になる」とか、あるいは「鶏が卵を産まない」「稲が枯れる」……などといった見当違いな苦情を吐く者は数多くいて、鉄道建設には賛成派と反対派にわかれたということが「鉄道物語」には書かれている。つまり、この地方の人々がとりわけ無知だったわけではない。

だが鉄道を拒否したことで、やがて沿岸部の住民は辛酸を嘗《な》めることになる。

その後、大正時代に入ると馬車鉄道が、昭和になると軽便鉄道が海岸沿いを走るようになったが、東海道線沿線の繁栄やにぎわいに比較できるはずもなく、浜岡周辺の町や村々の過疎化が進んでいった。

それから、もし東海道線が海岸沿いを走っていたと仮定したら、まず間違いなく中電はこの地を原発の候補地として選ばなかっただろう。もっと僻地の村や町に白羽の矢を立てたはずである。それに、たとえ建設の話が舞い込んだとしても、浜岡の人々は拒否したのではないだろうか。


水野成夫氏の登場によって町論はほぼ一つにまとまった。しかしながら、このあととんとん拍子に建設に突き進んだわけではない。隣接する御前崎町、相良町の漁師たちが原発反対の狼煙《のろし》を上げ、抵抗の姿勢を示したのだった。

浜岡にも農業と兼業のひと握りの漁業従事者はいるが、漁港は存在しない。

ここを建設地とした背景には、後進性の強い地域であり、低人口地帯であるがゆえに土地代が安く、漁業関係の影響が少ないという利点があった。だから最初の頃は交渉相手を浜岡町に限定し、周囲の騒ぎに

浜岡原発周辺図

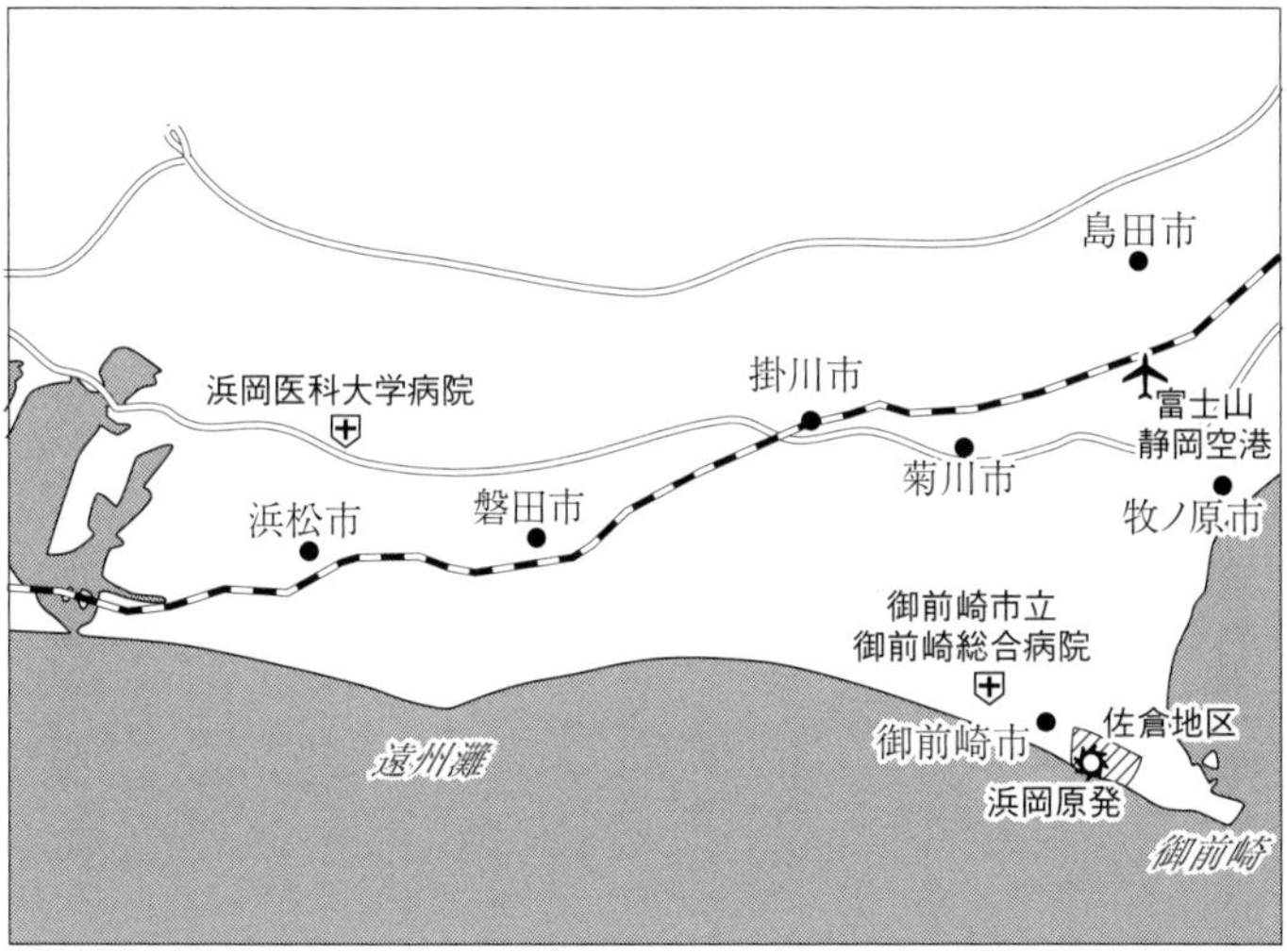

対して不干渉の態度を取っていた。けれども、建設予定地の沖合いに漁業権を持つ隣の町の漁民や漁協は、とても無視できる存在ではなかった。

やがて反対運動は、燎原《りょうげん》の火のように凄まじい勢いで燃え広がる。周辺の五漁協が結束して立ち上がり、「浜岡原発設置反対漁民協議会」を結成したのだ。そして、発電所建設の申し入れをおこなった翌年の三月には早くも、漁船二百隻による海上デモや、別の日には組合員約千人が浜岡町役場に、「原発建設断固反対」の旗やプラカードを掲げて押しかけるといったデモンストレーションをおこなうようになった。

「海は売らない。我々が海を守る」

彼らの反対の姿勢はきわめて強硬に見え、中電にとっての悪夢が……つまり芦浜の二の舞を演じそうな気配が濃厚であった。三重県の芦浜でも、立地拒否の中心にいたのは漁業関係者たち。漁師を中心にした反対勢力に敗北したのだった。

しかしながら、何がなんでも浜岡から撤退できない事情があった。この当時、東京電力はすでに福島県の浜通りに、関西電力も福井県美浜の地において原発の建設工事が急ピッチで進められていた。その二社に後れを取っていた三男坊の中部電力は、背水の陣でこの地に乗り込んで来ていた。

立地工作班の活動は、この頃からいちだんと活発になったと言われている。一流企業の社員である彼らは泥まみれになって、高いハードルを一つずつ乗り越えていった。二百九十四名の地権者から五十万坪（百六十万平方メートル）という広大な土地買収と同時進行で、慎重に、そしてしたたかに漁民の切り崩し工作を進めていった。

「特に漁協幹部には金と圧力のうわさがまとわりつき、〝漁協の黒い霧〟があちこちで取り沙汰されるようになった。漁協幹部と一般漁民の心が微妙に、しかし確実に食い違い、離れていったのもこの頃である」と、いまから三十年前にジャーナリストの森薫樹《しげき》氏は、『原発の町から　東海大地震帯上の浜岡原発』という著書の中で語っている。

中電が漁協幹部を狙い撃ちにするという禁じ手を使ったり、あるいは土地を手放すことに抵抗のある農家をしつこく訪問して、あの手この手で揺さぶりをかけているときに、浜岡町は勉強会という名目の会合をくり返し開催するようになった。

その回数は二百回に達したそうである。学者や専門家の話を聞くことも多く、その中には、原発はクリーンであり安全だということを強調するあまり、平然とこのような虚言を口にする御用学者もいた。

「これからは、人類が月へも自由にいける時代になります。科学の進歩は日進月歩だから、いまは危険だと恐れられている放射能も、スプレーをかけただけで無害になる薬品が近い将来に必ず開発されます。だから、もし不幸に被ばくすることがあっても、すぐに治りますよ」

別の日には、このような説明を受けた。

「放射能もガンも、あと十年もすればみんな解決されるでしょう。だから、原発がこの町に建設されると言っても、何も心配はいりませんから……」

それに、「石油などの化石燃料はもうすぐ枯渇《こかつ》するので、原発をやめたら原始時代に逆戻りしますよ」と、満面の笑顔で脅迫的な文句を吐いた学者もいたのだとか。

田舎の人間は、大学の先生とか学者という肩書きに弱い。だから、このような嘘八百を偉い人が平然と唱えるものだから、素朴な地元の人々は信じてしまった。まさに勉強会という美名のもとに実施された、地域住民を対象にした洗脳教育だった。

当時の浜岡町長である河原崎貢氏の書いたものによれば、このような話をした先生方とは、東京大学工学部の大山彰氏、放射線医学研究所の佐伯誠道氏、科学技術庁原子力安全局の高嶋進氏、日本原子力発電株式会社の谷出理氏、動力炉核燃料開発事業団の黒川良康氏、東京大学工学部の都甲泰正氏らで、講演の内容は「原子炉の安全性」や「放射線医学」、それに多くの講師が「立地の安全性」について述べている。

勉強会に招かれたのは推進論者ばかりで、原発の危険性を訴えたり、異論を唱える学者や知識人などが呼ばれることは一度もなかった。

「原発が建設されれば、みなさんの住んでいる町は間違いなく経済発展します。それに浜岡町の財政規模は急激に膨張するし、当然みなさんの暮らしも豊かになりますよ」

地域住民を対象にした勉強会と同時進行で、中電主催の招待旅行も活発におこなわれるようになった。住民の鼻先に、ニンジンを押しつけてきたのだった。

このツアーには、どれほどの人々が恩恵に浴したのだろうか。三重県の芦浜では、紀勢町と南島町の住民一万人余りが参加したそうだから、それに近い数の町民が招待されたのではと思って尋ねて回ったのだが、正確な数字をつかむことはできなかった。

人を動かすには、欲望に訴えかけるのがもっとも効果的だし、てっとり早い。つまり、人々の心を金で買うのである。中電は大金を湯水のように使った。安全とは言えないものを押しつけるのだから、出し惜しみすることはなかった。

招待旅行は原発先進地への視察という大義名分がついていたので、最初の頃は茨城県の東海村や建設中の美浜原発などと目的地は限定されていた。しかし、招待される側にとっては行き先はどこでもかまわないわけだから、そのうち単なる観光地や名古屋の歓楽街という具合に変化していった。

よほど楽しかったのだろう、名古屋方面への旅行には何度も参加した者がいたらしい。それに、町議や役場の幹部職員たちはたびたび温泉地や歓楽街に招待され、ドンチャン騒ぎをくり広げた。

熱海温泉で遊ぶ彼らは、まさに田舎者丸出しだった。料理を運んできた仲居さんにいきなり抱きついたり、宴会場で芸者の着物の裾に手を入れたりキスを迫ったりと、とにかくひどかったらしい。

「こんな連中しか、浜岡では議員になる者はいねえのかって、馬鹿にされたんだとよ」

旅館の仲居さんや従業員から白い目で見られ、嘲笑《わら》われたという話は、現在でも浜岡町民のあいだにしっかりと語り伝えられている。

地元議員には温泉地や歓楽街へのお誘いだけでなく、さまざまな特典を与えることになる。その一つが「当選祝い金」である。噂では、数百万円という大金が議員たちの懐を潤《うるお》わせていた。この特別ボーナスは、あくまでも尻尾を振る従順な議員が対象だった。正面切って原発反対を叫ぶ議員がいないわけである。それに町議を二期か三期やれば、豪邸が建つと彼らは自慢していたのだから、我々が想像する以上に優遇されていたのだろう。

「中電からカネをもらうのは特別なことではない。どこの原発でもおこなわれている」

このように発言した町議がいたのだとか。乞食と考え方は変わらない。そして物乞いに等しい行為は議員だけでなく、住民たちも気前がいい中電にべったりだった。

森薫樹氏も著書の中で、これは芦浜への働きかけの例だがと断り、「勝手に地元民が飲めや歌えの宴会を開いて代金を中電の職員にもたせるために、わざわざ電話して職員を呼び出すということまであったという」と述べている。

浜岡でも一部の住民が勝手に飲み食いして中電に支払わせるというのはあった。それに、祭やスポーツ大会などの町内会のイベントがあるときには、中電が積極的に金銭の援助をした。そして頑固な反対派には、原発内での軽作業を請け負わせて懐柔をはかった。

町の青年団に入っている息子に、「なんでもかまわんから役につけ、そうしたら中電から金がもらえる」と、叱咤激励した父親がいたのだという。

それから、小学校で昼休み中に校舎の窓ガラスを割って遊んでいる生徒たちを見つけた教師が叱り飛ばすと、生徒の一人は「窓ガラスなんか、中電に電話したらすぐに修理してくれるから心配ないよ」と、少しも悪びれる様子がなかったらしい。

これなどは、日頃から家庭内で中電の派手なバラマキぶりが話題になっていたのだろう。子供は、ただ親の真似をしただけなのである。

起工式のときに、「浜岡の夜明けはここからはじまった」と、元教育者で実直な性格の河原崎貢町長は感極まって叫んだそうだが、原発建設の話が持ち込まれたときからはじまった浜岡の新しい夜明けは、中電の札束攻勢のはじまりでもあった。

誰に聞いても、「あの当時、中電は実に太っ腹だった」と語っていたが、豪快に札びらを切ることによって頼りになる存在を演じていたのだろう。そして、親しく接することで、たかる側に仲間意識をめばえさせ、いざというときにノーと言えないようにしたのである。それこそが立地工作の最大の目的であった。

中電は周辺の五漁協とも根気よく接し、組合員の会合にも積極的に出席して何度か話し合いがもたれた。そして漁業補償の問題が解決すると、発電所建設の申し入れを町に願い出てから四年近くたった昭和四十六年（一九七一）四月、「富士山の見える町」の原子力発電所の起工式がとりおこなわれた。

その日は早朝から、じめじめと陰気な雨が降りつづいていたと聞いている。

目　次

放射能を喰らって生きる

浜岡原発で働くことになって

西側から見た浜岡原発

プロローグ・3

第一章　放射能を喰らって生きる者たち――19
友人からの就職の誘い・20／矛盾だらけの放射線安全教育・25／偽装請負という形での就職・29／いよいよ建屋内へ・32／ゴミ課と呼ばれている作業現場・37／五感では捉えられない放射線・41／汚染していない廃棄物もドラム缶詰め・45／忌まわしきアスベスト・50／花粉のように舞う粉じん・54

第二章　ガン発症――59
ぶきみな下腹の痛み・60／あわてて浜松医大病院に駆け込む・65／死神が消える・69／労災の訴え・75

第三章　浜岡原発がこっぱ微塵になってもらっては困る――83
独身寮にじゃぱゆきさんを連れ込んだアトックス社員・84／タイに住む家族への送金・89／フィリピン女性・92／原発労働者の朝はギャンブルの話題ではじまる・

95／原発と共存する町・98／チェック・ポイント・101／駿河湾地震・105／豚小屋よりも軟弱だった5号機・111／浜岡原発がこっぱ微塵になってもらっては困る・116／放射能に色をつけることができたなら・121／元請け社員の理不尽な怒り・126

第四章　高放射線エリアという現代の地獄　133

冥界への入口のような蒸気発生器・134／特攻隊員の心境で飛び込む・138／原発ぶらぶら病・142／放射性廃棄物の入ったドラム缶の移送・147／朝から一杯引っかけていたガードマン・150

第五章　原発労働者にはどうして「うつ病」患者が多いのか？　153

情報通の下請け作業員・154／放射能が体に巻きつく・159／原発内で堂々と売られている覚せい剤・165／仕分け場の拡張工事・169／線量計を忘れて管理区域に入る・173

第六章　旧友との再会　177

異様な集団・178／大阪のドヤ街住い・182／どこで働いているのか誰も教えてくれない・188／高線量エリアは例外なく高温多湿・195／汚染される海と空・198／原発の墓場・203

第七章　雇用保険加入を頼んだら解雇される――209

同僚の自殺・210／雇用保険のない立場に不安を抱く・213／突然の解雇・216／悪魔のささやき・219／浜岡原発に救急車を入れることに成功する・224／屈辱的な面接・227／会社への宣戦布告・231／美粧工芸と取り交わした契約書・236

参考文献・242
あとがき・243

第一章
放射能を喰らって生きる者たち

原子力館の展望台より浜岡原発を望む

友人からの就職の誘い

六年間働いていたテーマパーク「倉敷チボリ公園」を、底なし沼のような低迷状態による人員削減でやむなく退職することになり、失業給付を受けながら職業訓練校に一年間通った。終了後、近所にある小さなスーパーマーケットで配達のアルバイトをしながら就職活動に精を出していたが、なかなか新しい勤め先を見つけることはできなかった。早いところ、どこかに潜り込まなければと焦っているときに、田崎（仮名）という昔の友人から電話がかかってきたのだった。

三十代の頃、定期点検（このあとは、定検とのみ記す）工事やプラント建設などで、七年間余り各地の原発を渡り歩くという浮き草稼業に身を投じていたことがあったが、彼はその頃勤めていた会社の同僚だった。無二の親友というほどの間柄ではなかったが、なんとなくウマが合い、それに年齢的に近いこともあって、同僚の中では比較的親しく付き合っていた。

会社をやめて完全に疎遠《そえん》になっていたから、十数年振りに耳にする懐かしい声であった。声を聞いたとたん、眼鏡をかけた実直そのものといった顔立ちが浮かんだ。別に用事があったわけではないらしく、どうしているのか急に気になり、それで電話したのだと笑いながら語っていた。わが家の電話番号は、同僚だった頃から彼とは面識のあった僕の弟から聞いたのだという。

会話の中で、現在失業中で職探しをしていると告げた。すると田崎は、「それなら、自分が勤務している会社で働かないか」と誘ってくれたのだった。

こういうのを渡りに船というのだろう。血眼になって仕事探しに躍起になっているときに、ありがたいことに仕事が向こうから舞い込んできたのである。

しかし本音を言うなら、仕事の話にありつけたことを手放しで喜んだわけではなかった。職場が浜岡原発と聞いたとき、真っ先に浮かんだのは〝被曝〟の二文字だった。以前原発で働いていたときは、まさに被曝要員としての歴史だったからである。

「放射能を喰らって生きている原発労働者なんて、虫けら以下の存在だ！」

当時の仲間の一人は、血走った目つきで声を震わせて叫び、我々を睨みつけるようにして会社から去っていった。

確かに原発時代のことを脳裏に浮かべると、高放射線エリアという奈落《ならく》の底に放り込まれ、もがき苦しんでいる自分の姿がオーバーラップする。無鉄砲だった若い頃は深く考えることもなく、命じられるままに労働についていたが、あそこはまともな人間が身を置ける場所ではなかった。

昭和五十九年（一九八四）の玄海原発での定検のときに、探傷ロボットをセットするために蒸気発生器内に飛び込んだときには、たった十五秒間で一八〇ミリレム（一・八ミリシーベルト）もの高放射線を浴びたことがあった。

そのときの作業でパニック状態に陥った同僚がいた。狭いマンホールをくぐって灰色の空間に飛び込んだ瞬間、もしかすると死神を見たのかも知れない。いきなり獣のような唸り声を発し、壁や天井を叩くなどして暴れ回っていたのだという。

補助をしていた者があわてて引っ張り出したので事なきを得たが、地獄のような蒸気発生器に三十秒以上入っていたので、四〇〇ミリレムから五〇〇ミリレムは充分に浴びただろうと、仲間たちは引きつった顔つきで噂し合っていた。線量計が完全に振り切れて、計測不能になっていたのである。

自分の生命を粗末にする職業、それが原発労働である。原発を熟知しているだけに、できることなら働きたくないというのが正直な気持ちだった。しかし、五十の大台を超えていて就職の困難な年齢であり、これを逃がしたら就職できないのではという焦りや不安に苛《さいな》まれ、嫌だという選択をすることができなかった。

そして僕が郷里の岡山県倉敷市から、中部電力浜岡原子力発電所の立地する静岡県の浜岡町に向かったのは、電話を受けた翌月の平成十五年（二〇〇三）八月十日の暑い盛りのことだった。

浜岡に到着した日は、会社の指示に従って新野川のほとりの民宿「長五郎」に入り、翌朝、迎えにきたマイクロバスで浜岡原発に向かった。

ジプシー暮らしをしていた二十年近く以前、ここでも数ヵ月間働いたことがあったが、車窓から望む風景に見覚えはなかった。

道路沿いに点在する民宿と槙《まき》囲いされた民家。低い山々の頂や中腹にマラソンランナーのように連なっている巨大鉄塔と、晴れ渡った空を蜘蛛の巣のように覆っている送電線。中電やグループ会社の独身寮や社宅。下請け会社の宿舎。それにまばらな農地といった比較的に穏やかな風景の中を、わずか六、七分走っただけで浜岡原発に到着した。

浜岡原発で働くといっても、もちろん中電の社員ではない。下請け労働者という身分である。中電を頂点にピラミッドを描いてみると、グループ企業のテクノ中部、アトックスと下がっていき、そのアトックスの下請け業者である「美粧《びしょう》工芸」という弱小会社で働くようになったわけだから、三次下請け会社の従業員ということになる。

中電が協力会社と呼んでいるアトックスは、原発内の除染業務や廃棄物処理業務などを専門的におこなっている社員数二千人ほどの中堅どころの企業で、日本国内のほとんどの原発に参入しているのだという。浜岡営業所には三十四、五名が在籍しているとのことだった。

五階建ての古びた労働者棟の四階にアトックスの事務所があり、その片隅に美粧工芸を含めた下請け三社が同居している。

下請けの作業員数はアトックスの社員よりもあきらかに多いが、三分の一から四分の一ほどの狭いスペースに追いやられ、ブロイラー用の養鶏のようにひしめき合っている。これが元請け会社と下請け業者の格差というものだろう。

僕が所属することになった美粧工芸は、ネーミングからもわかるように清掃関係の業者であり、東京の本社ではビルの清掃作業を専門におこなっている。全社員数は六十名ほどで、浜岡原発では十三名が働いているのだという。原発ではここの他には、福島第一原発にも三十名ほどの労働者を派遣していると聞いている。従業員には僕と同年代かもっと高齢の人が多く、年齢的なことを気にしていたこちらとしてはひと安心といったところだった。

下請け三社の従業員数はドングリの背比べといった感じで、スチール机を二列に並べたのがそれぞれの会社の事務所および詰所になっている。

細長く並べた机は従業員たちの休憩所として使用され、三社ともその端にパソコンを置いた所長のデスクがあり、背後や脇には書類がぎっしりと詰め込まれた本棚やロッカーが設置されているので、その周辺だけ事務所らしい雰囲気を醸し出している。

詰所には、いかにも労働者用といった安物のパイプ椅子が配置されている。

すぐに僕の休憩場所が決められ、その直後に声をかけてくれた隣の席の人が遠洋漁業の元漁師で、年をとって船乗り稼業が苦痛になり、それで原発で働くようになったのだと親しげな口調で教えてくれた。小型の持ち船があり、休日にはいつも漁に出ているのだとか。彼同様、美粧工芸の従業員の大半が地元の漁師出身なのだという。

その他には、一般住宅の左官屋の職人として長年やってきたが、体力が落ちたせいで原発作業員に鞍替《くらが》えしたという相撲取りのように大柄な年配者もいるし、埼玉県のほうで工場勤めをしていたが辞めて家族とともに浜岡に隣接する郷里の掛川市に舞い戻り、五、六年前から勤務するようになったという六十歳過ぎの人もいる。僕を含め、リタイア間際のポンコツが最後にたどり着くところは、原発といったところだろうか。

それでも全員が年配者というわけではなく、三十代の若者も二名働いている。そのうちの一人である元大型トラックの運ちゃんは、危篤状態に陥るほどの大事故を起こし、九死に一生を得て退院したあと妻や両親からトラック運転手以外の勤め先をと懇願され、それで美粧工芸に就職したのだと満面の笑顔で語っていた。

矛盾だらけの放射線安全教育

現在は、人口約三万二千人の御前崎市になっているが、僕が暮らすようになった頃はまだ静岡県小笠郡浜岡町だった。翌年の平成十六年（二〇〇四）四月、御前崎町と合併して御前崎市が誕生したのである。町から市に昇格するとき、浜岡町のほうがはるかに人口が多く、財政も豊かで町の規模も大きいのにどうして浜岡市にならなったかというと、浜岡町には原発があってイメージが悪いので、それで御前崎市という市名が選ばれたのだという（混乱があるといけないので、このあとは御前崎、あるいは御前崎市で統一する）。

どこの原発でもそうだが、働くようになってもすぐに現場には入れない。十日間から二週間前後の待機期間というものがある。

入域するための諸々の書類を作成するのが待機の名目になっている。でも、それだけではない。この間にしっかりと素性や経歴をチェックしている。

これから働こうとする者が原発に反対意見を持つような危険人物ではないか、過去にどこかの原発でトラブルを起こしたことがないか、などの素行調査や思想調査を徹底的におこない、問題ないと判断されたのちにやっと原発建屋内に入る許可が下りるのである。もちろん、ジャーナリストではないかということも抜かりなく調べられる。

同僚たちが仕事に向かったあとも詰所にたった一人取り残され、硬い椅子と一体化したような退屈極まりない日々を送っていたところ、四日目に、工藤という昔勤めていた会社の仲間が到着した。彼も気のおけない友人だった田崎から声をかけられ、浜岡原発で働くために福岡県北九州市から出てきたのだった。彼とも約十五年ぶりの再会だった。二枚目でインテリっぽい顔立ちは昔と少しも変わらないが、髪には白いものが混じるようになっている。

その工藤が待機の仲間に加わった三日後のこと、労働者棟の最上階にある講習室で、彼とともに「放射線安全教育」を受講することになった。

国内のすべての原発において、現場作業に入る前の安全教育は欠かせない。法律で定められているのだ。しかし、以前は確か二日間かけて実施されていたのに、五時間に短縮されている。その五時間の教育を午前中に二時間、午後から三時間という具合に受けるのである。

工藤と僕が安全教育を受けた日は、広々とした講習室内にたった五名の受講者がいただけだった。その五名の受講者に対して、中電の制服を着用した四十代の講師の口からは、たった一度も「危険」という言葉が飛び出すことはなかった。

原発など、被ばくの危険性のある職場で働く者を放射線業務従事者という。これから放射線の飛び交う危険な現場で作業をしなければいけないはずなのに、放射線から身を守る具体的な方法は何一つ教えてもらえず、「原発は安全なのだから、安心して働きなさい」という話に終始していたのだ。

いまだに、こんないい加減な教育をしているのかと驚くしかなかった。初めて原発労働に就く者なら、放射線に対する警戒や緊張感を失ってしまい、多少被ばくしても大丈夫なんだ、問題ないんだと信じ込んでしまう危険性があった。初心者を放射線の餌食にするようなものだった。

それに、ほんとうに安全だと考えているのなら自分たちも積極的に管理区域（放射線エリア）に立ち入り、

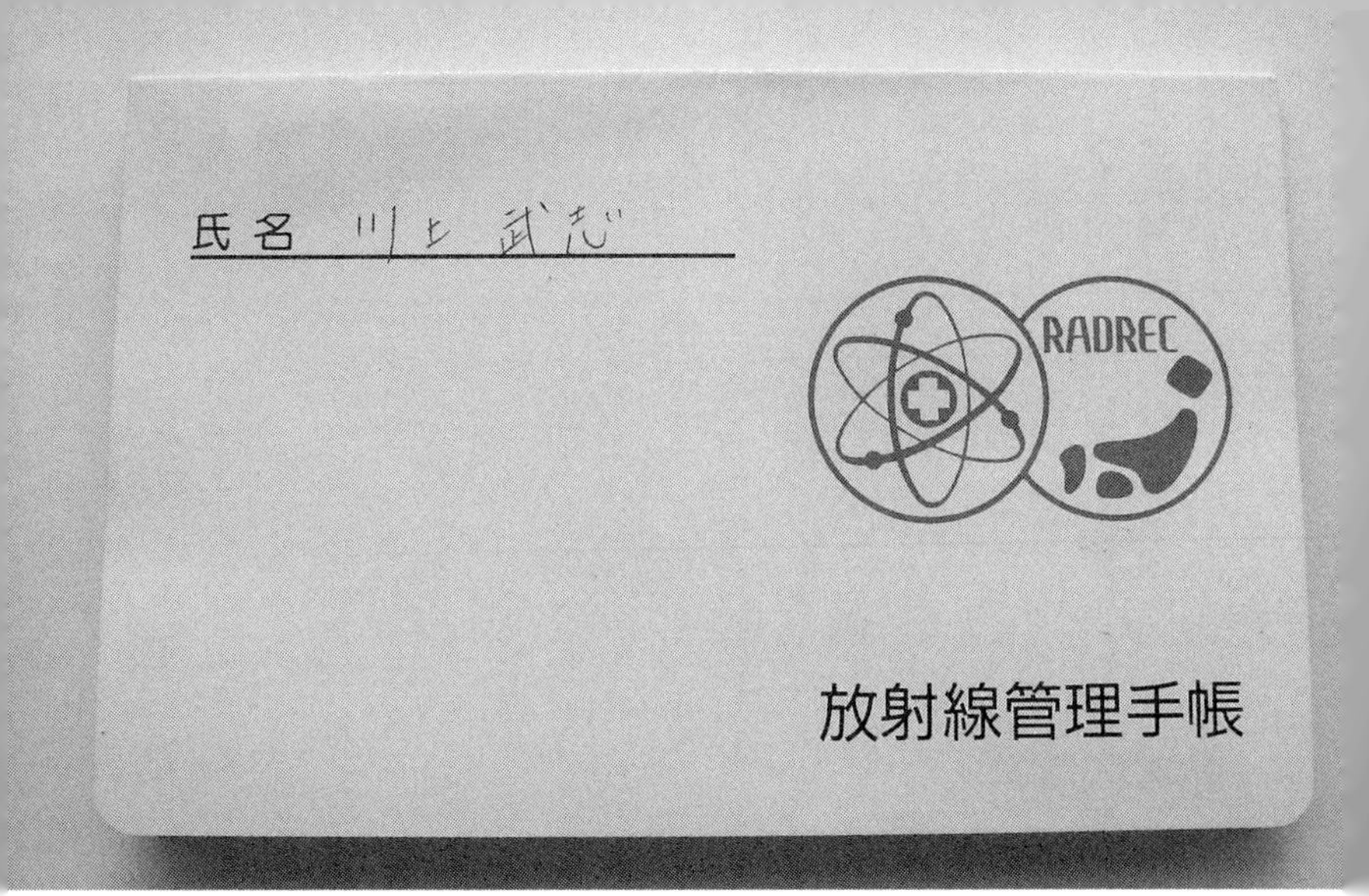

放射線管理手帳

下請け労働者に負けないぐらいたっぷり放射線を浴びたらと思うのだが、以前長く働いていた福井県の美浜原発や四国の伊方原発ではたっぷりどころか、電力会社の者が管理区域での作業に携わっているのを目撃した記憶さえない。

　講習室の入口まで案内してくれたアトックスの若手社員から、「中部電力の人が講師なので、話の内容には絶対に口を挟まないように……」と強く釘を刺されていたので、おとなしくうなずいて話を聞いていた。押し黙ったままこのような意味のない話を延々と聞いていると無性に眠くなるが、まさかほんとうに眠るわけにはいかない。

　うかつに眠りでもして講師の怒りを買えば、やっと見つけた仕事を失わないとも限らない。だから、額を人差し指や手の甲でこすったり、耳たぶや鼻をつまんだりしてひたすら睡魔と闘いつづけた。どうにも我慢できなくなると渡されたテキストに目を落とし、読んでいるふりをして片目ずつ閉じ、この拷問のような時間を耐えに耐えた。

隣の工藤の様子をうかがうと、ぐったりと疲れたような表情をしている。それに、我々同様に末端の労働者という身分なのだろう、聞いたことのない社名入りの通勤服を着用した他の三名の受講者も、全員が死んだ魚のような生気のない目をしている。

受講者たちの眠そうな目やモチベーションの低さを見て、教壇の講師も聞いていないことは充分にわかっていたはずである。けれども少しも気にかけることなく、ノルマをこなすだけの目的で淡々と講義はつづけられた。

午後に入ってからはスライドを見せられたあと、教壇脇に展示している八頭身美人のマネキンが装着している全面マスクや半面マスクを指さして、説明をはじめた。

当然、使い方を教えてくれるものと思って注目していたところ、浜岡原発で使用されている防護マスクは何種類かあると説明したあと、「マスクの着脱の仕方は、現場で直接先輩たちから教わってください」と述べただけで終わってしまった。

そして結局、午前と午後合わせて五時間の教育時間を通じて原発労働の危険性や有害さについては片言《かたこと》さえも耳にすることはなく、「国が安全を保障しているのですから、何も心配はいりません、安心して働きなさい。それに放射線作業といっても、喫煙よりズッと安全なのですから」などといったことをくり返し聞かされ、安全教育は終了した。

つまり原発の放射線安全教育とは、ほんとうに知りたいことや重要なことは何一つ教えてもらえず、被ばく要員として駆り集められた下請け作業員の不安や恐怖心を取りのぞく目的のために、実施されているのだと理解するしかなかった。

ヒトラーが入獄中に記した『わが闘争』には、「嘘でも耳にタコができるほどくり返せば、大衆は信じる」というのがある。それと同じで、これがマインドコントロール効果というものだろう。安全という文句（嘘）を五十回以上、それこそ耳にタコができるほど聞かされると、なぜか原発作業が安全に思えてくるから不思議である。

偽装請負という形での就職

美粧工芸の詰所で二週間待機したのち、やっとのことで建屋内に入れることになった。四日遅れて到着した工藤も、同じ日の入域が決まっていた。

放射線管理者（このあとは放管、あるいは放管員とのみ記す）の資格を持っている一名を除き、その他の同僚全員が2号機の地下二階で廃棄物の処理作業に従事しているとのことだったので、工藤と僕もその現場に組み込まれることになった。

就職を決めたときから覚悟していたように、放射線を浴びたり、放射性物質に汚染される怖れのあるエリアで働くようになったわけである。

それから現場作業に入る前日、美粧工芸の玉川所長からいきなり幽霊会社をつくるように言い渡された。実態のない会社をつくり、そこから美粧工芸に出向するかたちで働くように命じられたのだ。よく耳にする偽装請負、偽装出向というヤツである。このような労働者泣かせの、でたらめな雇用の多いのが原発の特徴である。

十三名いる従業員の全員が正規の社員だと聞いていたし、当然僕も社員として雇用されるものと思っていた。だが働く直前になって、会社に都合のいい雇用関係を押しつけられたのだった。こちら側に「職業安定法違反」を声高に叫んで会社と争うつもりは毛頭なく、なんとか社員として働けるように頼んでみたが、「それなら残念だが、郷里に帰ってもらうしかないね」と引導を渡され、嫌でも従うしかなかった。

若くない僕としては、短気を起こして職を失う愚かさだけは絶対に避けなければいけない。不利な条件を飲むしかなく、うなずいた段階で重層的な請負い構造の末端に、「川上工業」という僕の名字《みょうじ》を冠したダミー会社が連なることになった。だから僕の立場は、他の従業員よりも一段下の、四次下請け労働者ということになる。仕事が少し暇になると休養を命じられるか、最悪の場合は職を失うだろうことは薄々感じられた。

僕よりも三歳若い工藤もダミー会社をつくるように言い渡され、それならと「工藤企工」という会社名を自ら口にしていた。

あとでこっそり教えてくれたところによると、この社名はいずれ会社を興したときに使用するつもりで、いままで大切に胸の奥に仕舞っておいたらしい。しかし、もう夢が叶うことはないだろうと判断し、この際使用することにしたのだと底抜けな笑顔で語っていた。そう聞いたあと、思いがけず野心家だった昔の友人の顔をまじまじと眺めてしまった。

このとき契約書を取り交わした。「出向社員の取り扱いに関する協定書」と銘打たれた契約書は、第一条の「出向社員は、甲（美粧工芸）の指揮監督の下に、原子力施設等の諸作業に従事するものとする」からはじまり、第一五条まである。ざっと読んでみると、会社側に都合のいい取り決めで各ページが埋まっている。この甲がどうした、乙がどうしたという書類は、いずれ役に立つときがあるだろうと考え、しっかりと保管してある。

「その代わり、賃金はいくらか色を付けるようにするから……」

幽霊会社のことは絶対に口外しないこと、と何度も念を押されたあと、色黒の肌に灰をまぶしたような不健康そうな顔色をした四十代の玉川所長は約束してくれた。しかしながら、期待していた賃金は一日当たり一万三千五百円ぽっきり。色を付けるとは多めに支払うという意味だが、これでほんとうに誠意を持って対応してくれたつもりなのだろうか。

原発労働者には、賃金の半分は危険代という考えがある。つまり、放射能の浴び賃である。放射能を浴びることによって、ガン発症のリスクは断然高くなる。たとえ電力会社が認めなくても、原発は死に直結する危険さがあった。

それなのに、この賃金だけで有給休暇もなければボーナスもなく、雇用保険もないし健康保険もない。それに厚生年金にも加入してもらえないという、偽装雇用による臨時作業員としての待遇で労働者の権利は何一つ認めてもらえず、いつ解雇を言い渡されるかわからない不安の中で働くようになったのである。

それに放射線業務に従事する者は、六ヵ月に一度の「電離放射線健康診断」が義務づけられていて、これも自腹で受診させられる始末。身長、体重、血圧を測り、採血、尿検査、皮膚検査、視力および聴力検査、それに胸部のレントゲン撮影などを受け、一回の費用は一万二千円ほどだったと記憶している。

いよいよ建屋内へ

狭いアトックス事務所でのラジオ体操と朝礼のあと、美粧工芸の詰所でも簡単なミーティングがあり、現場に向かう直前になって所長からＩＤカードを渡された。

三日前、中電社員が詰めている管理棟の二階で入所時のホールボディ・カウンターを受けていて、ＩＤカードにはそのときに撮った顔写真がでかでかと貼りつけてある。

ホールボディ・カウンターとは、体内に取り込まれた放射性物質の有無や量を測定する装置のことで、原発で働いている者全員が入所時と退所時の他にも、三ヵ月ごとに受ける規則になっている。

アトックスの白いヘルメットを田崎から受け取り、工藤と僕はヘルメットの後ろに自分の名前と血液型を記入するとかぶり、三人で連れ立って現場に向かった。

田崎と僕は十七年ほど昔、福岡県中間市《なかま》にある「北九州プラント」という下請け会社から浜岡原発に赴き、3号機のプラント建設工事に従事したことがあった。

僕は三ヵ月ほど滞在しただけで、会社の命令に従って福井県の美浜原発に移動したが、彼はこの地に残って働きつづけた。そして、地元の女性と知り合って結婚したのをきっかけに渡り鳥のような生き方から足を洗い、美粧工芸に就職したのだった。

あの当時、我々は主にタービン建屋の配管サポートの製作や取りつけ作業に従事していた。パイプ足場

浜岡原発

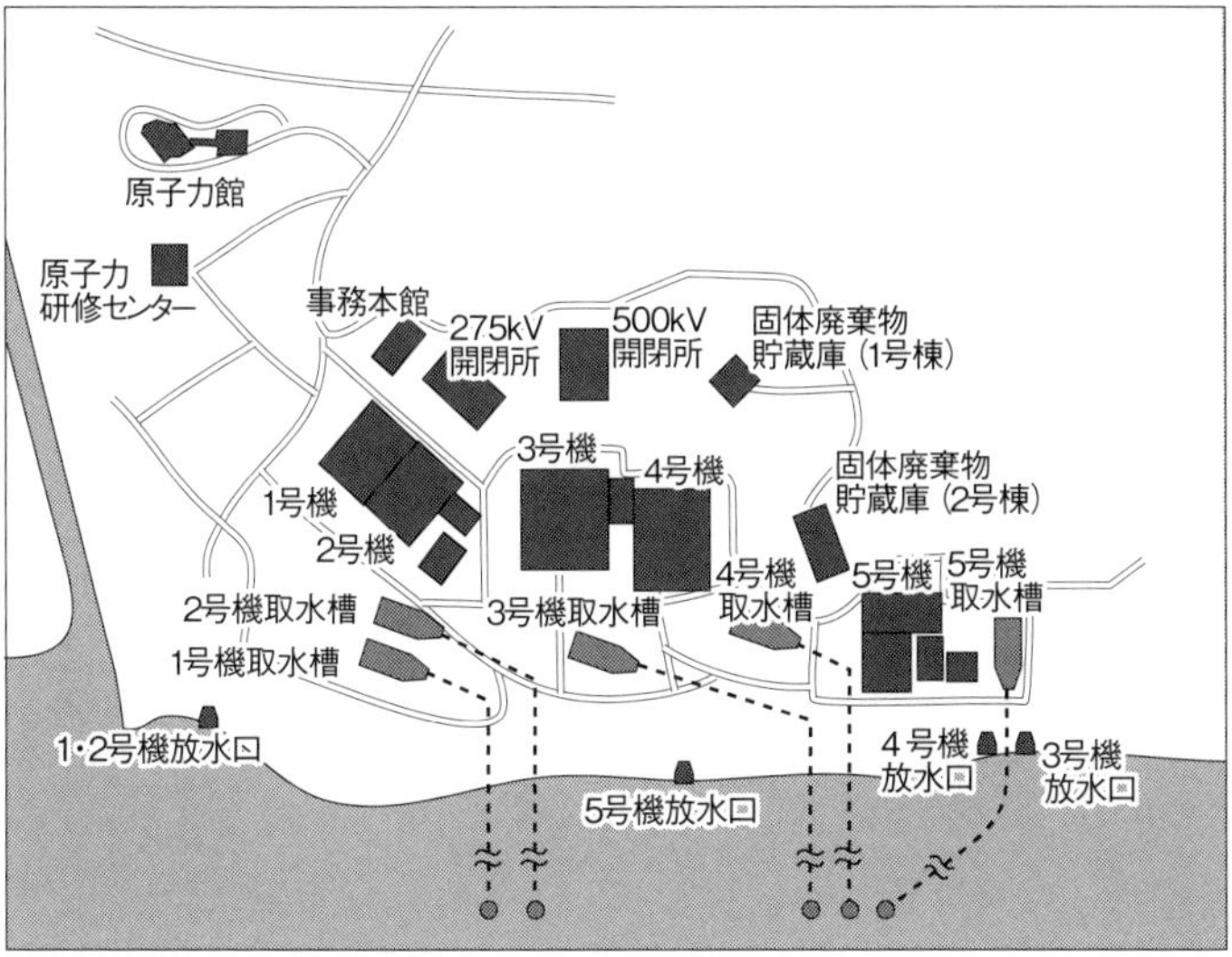

を天井近くまで上がり、図面と睨めっこして位置を決め、工作場で製作した配管サポートを仮付けしていたのだ。

気のいい仲間たちと一緒に働いていた3号機のプラント建設のことは、昨日のことのようにしっかりと覚えている。その隣の2号機内で、今回は働くようになったわけである。

「田崎の奥さんってどんな女性？　一見して、やさしそうな感じじゃないか」

屋根付きの歩行者用通路をたどりながら僕は、少し先をいく上背のある田崎の背中に声をかけた。この町に到着した日の夕方、夫婦で民宿に訪ねてきたのだ。

「とりわけやさしいということもないと思うよ。まあ、普通だな」

彼は足を止めずに振り返り、言葉を選びながら口にした。

「でも奥さんは、亭主が原発で働いていることを心配してるだろ？」

「いや、その点は少しも」こんどは揺るぎない口調で言った。「多少被ばくしてもかまわんから、妻子のためにしっかり稼げと、力いっぱい亭主の尻に鞭を入れてるよ」

「馬車馬のように」

「そうだ。もっと早く走れ、ピシッ、ピシッって具合にな」

そう言いながら明るい笑みを浮かべているのは、夫婦仲がいい証拠だろう。

北九州プラントの同僚だった工藤も結婚後、僕同様に長く原発労働から離れていたらしい。だが、数年前に離婚したのが原因で自暴自棄になって会社勤めを辞めてしまい、アルバイトで糊口《ここう》をしのいでいるときに田崎から声をかけられたのだと語っていた。

上流から下流へと川が流れるように、歩行者専用通路を通って作業員が現場へと急いでいる。大河ではないが、立ち止まる者がいるとてき面にまわりが迷惑をこうむるような密な流れである。我々もその流れの一部を形作っていた。

「うちの所長から二人にぜひ伝えておいてくれって頼まれたんだけど、地元の人とは絶対にトラブルを起こさないようにしてよ。トラブルを起こした場合には、どちらが悪いかなど関係なく百％こちらが悪者にされ、即解雇ということになる」

「それは大変だ」と僕は笑顔で言った。

「冗談抜きに、原発が存在するこの町は、他の町とはまったく違うということを肝に銘じていてくれ。中電は地元との関係にはとてもナーバスになっているからね。それから、会社の従業員の大半がこの土地の人間だってことも忘れないようにしてよ」

案内役の友人をまねて掌紋を読み取らせ、チェック・ポイントを通過した。

コバルトブルーというのだろうか、南国のような鮮やかな色をしていて、瀬戸内海工業地帯の一翼を担う僕の郷里の倉敷市とは空の輝きが全然違う。その美しく澄んだ空を背景に、巨大な原子炉建屋群がまるで要塞のようにそびえている。

手前から、1号機、2号機、3号機……と並んでいるので、我々の作業現場のある2号機は1号機の向こう側に位置していることになる。しかし、1号機と2号機の入口は同じなのだと田崎が教えてくれた。

建屋入口に到着したときには、すでに八時四十分を過ぎていた。ところが田崎は少しもあわてることなく、その前にある休憩所に入って再び休憩を取りはじめた。建屋内には休憩所がないので、ここで一服するのが習慣になっているのだという。

休憩所は喫煙者用と非喫煙者用にわかれている。浜岡原発での就職が決定した七月末から禁煙に踏み切っていた僕は、田崎が喫煙に向かったあと、タバコを吸わない工藤とともに非喫煙者用の休憩所に入って缶コーヒーを飲みはじめた。

禁煙生活に突入してすでに二十日余り経過していたが、まだ禁断症状らしきものに苦しめられていた。それに深夜、タバコを吸っている夢を見て「しまった！」と布団から跳ね起き、夢だと知って胸をなでおろしたことも何度かあった。

三十年間以上つづけてきた悪癖だったから、吸いたい欲求が大波のようにくり返し襲いかかり、ふらつきながらやっとのことで耐えているような状態だった。それこそ十何度目かの、記憶にも定かでない禁煙の誓いだったが、今回はなんとかなりそうな予感があった。

下請け作業員で混雑する休憩所の長椅子で、缶コーヒーを飲みながら工藤と談笑していると、美粧工芸の従業員やアトックスの詰所で見かけた顔ぶれが少しずつ集まってきた。十分近く休憩したあと、田崎にうながされて建屋の進入口に向かった。

工藤と僕が雇用された頃には、1号機は耐震基準を満たしていないという理由で停止した状態だった。そして翌年の二月には、2号機も同じ理由で運転をストップした。

最初、中電は耐震補強をおこなったあと運転再開する計画でいた。だが、1、2号機は運転開始から三十年以上経過した高齢原子炉であり、部品の交換など耐震工事に三千億円の巨費と、工事期間も十年以上かかる見通しとなったため運転再開を断念し、平成二十一年（二〇〇九）一月、両号機とも正式に廃炉が決定した。

廃炉には、チェルノブイリ原発のように巨大な建造物ですっぽりと囲って密閉する方法と、原子炉など放射線の特に強い部分だけをコンクリートで遮蔽《しゃへい》する方法、それから完全に解体撤去する、三つの方法がある。浜岡原発では、完全に解体撤去する腹づもりなのだという。

中電が作成した「浜岡原発廃炉計画」によると、1号機と2号機に保管されている一一六五体の使用済み核燃料を、4号機と5号機のプールに移動する作業から取りかかる。そのあと、十年間ほど放射線量が低減するのを待ったあと原子炉の解体撤去、原子炉以外の設備の撤去作業へと進んでいき、最後に建屋の解体撤去となる。

すべてが終了するのが三十年後。そして計画通りに作業を進めるには、解体用のロボットが開発されるなどの解体技術の開発が大前提となっている。

しかし、たとえ解体技術の大幅な進歩が望めたとしても、三十年ほどで廃炉事業が完了するというのはあまりにも希望的であり、実際には、その二倍から三倍程度の年数が必要だろうと予想される。

廃炉に要する費用も、1、2号機合わせて八百四十一億円と見積もっているが、これも最終的には五倍から十倍に膨らむだろう。それに、解体作業が開始されると多量の高濃度汚染ゴミが出るので、処分場の確保が急務となる。処分場がいつまでも決まらないと、廃炉作業に支障をきたすことになる。

それから、1、2号機のリプレース（置き換え）として、5号機北側の雑木や松が繁茂する丘陵地に、百四十万キロワットの巨大原子炉の建設を予定していた。しかし、平成二十三年（二〇一一）三月十一日の福島第一の原発震災後、川勝平太静岡県知事が「6号機の新設は認められない」とコメントしていたように、いまでは幻の原子炉となってしまった。6号機は永遠に建設されることはないだろう。

ゴミ課と呼ばれている作業現場

原発建屋のエントランスは常時、厳重な警戒態勢が敷かれているものと一般の人々は考えているだろうと思う。だが、大間違いである。このとき入口付近には、仏頂面をした年配の警備員がたった一人で背中を丸めて立っているだけだった。

エアコンが入っているらしく、建屋内はひんやりしている。

田崎に指示され、青ランプの点灯している線量計（アラームメーター）を充電器から抜き取る。手帳ほどの大きさの線量計をIDカードと一緒に機械に読み取らせると、ゲートが開く。線量計についているヒモを首にかけ、IDカードを作業服の胸ポケットに突っ込みながらゲートを通過する。安全靴を脱いでカーペットの敷かれた床に上がり、通路を進んでいくと大量のロッカーが見えてきた。

ロッカーはどれを使用しても問題ない。しかし、これだけたくさんあるとどこに入れたか忘れると困るので、田崎がいつも利用しているというエリアまでついて行き、彼の隣のロッカーを使うことにした。下段に靴とヘルメットを入れ、会社から支給された通勤服を脱ぎ出した。

建屋内では放射能汚染の恐れがあるため、パンツ以外、下着のシャツでさえ私物の着用は認められていない。手術の傷跡や中年太りを気にしている人も、背中や胸に見事な竜の入れ墨や、あるいは笑ってしまうような無様な漫画が描かれている半端者も、着ている物はすべて脱いでパンツ一丁になる。腕時計の持ち込みも禁じられているし、ネックレスやピアスもはずすことになる。

下着姿になってから、初めてロッカーに鍵がついていないことに気づいた。まわりを見渡しても、他のロッカーにも鍵はついていない。田崎に尋ねると、鍵の紛失が多発したので、つい最近、中電の担当者が鍵を抜いてしまったのだという。

「だから、小銭以外の現金を現場には持ってこないようにしてよ。もし、うっかりして持ち込んだ場合には、鍵をかけられるロッカーが奥のほうにいくつかあるので、そっちに入れるようにしてよ」

ズボンの後ろポケットに無造作に突っ込んでいる財布には、千円札が何枚か入っていて少し気になったが、そのまま鍵のかからないロッカーに収めた。

柄物のトランクス一枚という格好で工藤とともに田崎のあとを追っていくと、二十畳ほどの広さのチェンジング・ルームに出た。周囲の壁際に設けられた三段の棚には大量の作業着が整然と積まれていて、二十名を超える作業員が立ったまま、あるいは床のカーペットに腰をおろして下着や靴下、青色のツナギ服を着用している。

ところてん突き器で押し出されるように、切れ目なく作業員がチェンジング・ルームに入ってきていた。以前は原発と言えば小指を詰めた者や、眉《まゆ》や背中に墨を入れたアウトローの展覧会場のようだったが、そのような連中の姿はかなり減少している。

久しぶりの原発労働なので、建屋内用作業着の着用の仕方をすっかり忘れている。田崎を手本にして長袖の下着シャツとズボン下をつけたあと、靴下をはく。胸に赤いクラゲのような中電マークの縫い込まれたツナギの青服を着用すると綿手袋をはめ、パン職人がかぶっているようなつばのない綿の帽子をかぶった。

ここで身につけるものは青色で統一されている。それゆえ、建屋内に入ったときには充分に人間の顔つきをしていた労働者たちも、全員が作業ロボットのように見える。その画一化された、没個性的な姿で各作業場に散らばっていくのである。

「管理区域内で着用する黄服などを、毎日ここから各自が現場に持っていくことになるので絶対に忘れないように。忘れたら、取りに引き返してもらうから」

一般的なエリアは青服だが、管理区域では黄服の着用が義務づけられている。田崎に指示され、ツナギの黄服、黄色の帽子、黄靴下二枚、それにケース内からゴム手袋二組を取り出すと丸めて小脇に抱え、青靴をはき建屋内専用のヘルメットをかぶる。

そして、通称「松の廊下」と呼ばれている通路をたどり、地獄の一丁目に通じているような地下に向かう階段を下っていった。


数名が列をつくってどかどかと鉄製の階段を駆け下り、地下二階の「廃棄物の仕分け室」入口に到着すると、作業員の半数以上は青靴を脱ぎ、通路脇に設置された高さ二十五センチほどの仕切り台を乗り越えた。

仕切り台の向こう側はすでに放射線エリアであり、床一面に黄色のビニールシートが敷き詰められている。管理区域用の作業服が黄服であるように、原発では黄色は放射線エリアか、もしくは放射能汚染されていることを意味している。

ここでは、アトックスの別の下請け業者である「ＢＤＳ」の作業員三名と、美粧工芸の十二名が業務に従事しているとのことだった。今日から工藤と僕が加わったため、美粧工芸の作業員は十四名ということになる。

地下二階では他の作業員の姿を目にすることはなかった。それに、ロッカールームやチェンジング・ルームは涼しかったけど、夏場のせいで立っているだけで汗ばんでくる。

「俺は仕分け室内に入るけど、二人は今日一日は外にいて見物だと思うよ」

田崎は我々に告げると、広い背中を左右に揺するようにして仕切り台をまたいだ。

やがてテクノ中部の監督者数名と、アトックスの社員が二名現われ、現場での簡単なミーティングの最後に工藤と僕が紹介された。

作業日初日は、仲間たちが働いている様子をアトックスの社員から説明されながら見物していただけだったが、その翌日から放射性廃棄物の分別作業に専従することになった。職場の正式名称は「雑固体廃棄物管理課」。通称「ゴミ課」と呼ばれていた。

テクノ中部の従業員が我々のような下請け作業員に指示し、監督する立場についている。しかしながら、ゴミ課と周囲から嘲笑されるような部署に優秀な者が回ってくる道理もなく、他の現場ではとても使いものにならないような威張り散らすしか能がない最悪の監督者三名が、まるで島流しされたように配属されていたのである。

五感では捉えられない放射線

作業内容は、「低レベル放射性廃棄物」と呼ばれている汚染ゴミを種類ごとに分類し、放射線マークの描かれた二〇〇リットル入りドラム缶に詰めるというものだった。だから、ゴミ課と揶揄《やゆ》されているのはけっして的はずれではない。

扱っていたゴミの大半は、各原子炉で十三ヵ月に一度必ず実施される定検のときに出たものである。一度の定検で驚くほどたくさんの汚染ゴミが出る。それを二十年間ほど高台にある廃棄物貯蔵庫で眠らせる。長期間、貯蔵庫に保管することによって、放射線量低減の効果を狙っているのである。だから、僕が働くようになった平成十五年には、昭和五十年代後半の廃棄物を取り扱っていた。

それからわが国では、信じがたいことだが原子力発電所の廃棄物は、高レベル放射性廃棄物と低レベル放射性廃棄物の二種類しか存在しない。

高レベル放射性廃棄物とは持って行き場がなくて、どこの原発でも溜まりに溜まっていて処分に困っている「使用済み核燃料」のことだから、浜岡原発で発生したそれ以外の汚染廃棄物は、すべて我々の作業場に運ばれてきた。だから低レベルと呼ばれていても、けっして放射線レベルが低くて安全というわけではない。

それが証拠に、建屋内はAからDまで細かく区分されていて、廃棄物の仕分け場はもっとも危険度の高いD区域となっている。A区域とは、放射能汚染していない一般エリア（青服エリア）のことであり、B区域から管理区域になる。

仕分け室に立ち入るには、入口に設けられたチェンジング・プレースという中間的なエリアで、管理区域専用の衣服を着用することになる。

その手順を説明すると、青服の上から黄色のツナギ服を重ね着し（夏場だけは、青服を脱いで黄服を着用することが認められていた）、青帽子を黄帽子にチェンジして黄靴下を青靴下の上からさらに二枚重ねてはく。つまり青一色という姿から、黄色人間へと変身するわけである。それは同時に、安全から注意へと変わることを意味している。

ゴム手袋をはめて袖口を隙間なくテーピングし、もう一組ゴム手袋をはめる。そのあと、送気ユニットのついた黄色いフードマスクを頭からすっぽりとかぶる。フードマスクとはビニール製の頭巾のようなもので、目の部分には四角い透明のプラスチック板が嵌《は》められていて、バッテリーによって内部に空気が送り込まれる仕組みになっている。

装備が整うと、つま先部分に金具の入った頑丈な黄長靴をはき、汚染区域専用のヘルメットをかぶってしっかりとアゴヒモを絞め、廃棄物の仕分け場に入っていく。管理区域で着用しているのは、放射能に立ち向かうための装備ということになる。


浜岡原発周辺の住民たちや近隣の市町村に住む人々、つまり原発の隣人たちが弁当付きの見学ツアーに参加すると、必ず中央コントロール室に案内されるそうである。

無菌室のようにクリーンなコントロール室を見物すると、原発はすべて自動化され、コンピューターで動いていて危険とは無縁であるかのように錯覚する。でも実際には、裏方である多くの作業員の被ばく労働によって支えられているのが現状である。

見学コースに組み込まれているコントロール室や、明るくて清潔なタービン室が原発の花なら、地下深くに追いやられて絶対に一般の人々が訪れることのない放射性廃棄物の処理現場は、永遠に陽のあたることのない原発の陰の部分だった。


作業自体は多少覚えの悪い者も、半年ほど働くとベテランになるような単純作業。だから、被ばくを厭わない者なら誰でも働ける職場だった。

仕分け室に入るのは、十六、七名いる下請け作業員のうち三分の二ほどで、残りの人員は仕分け室外部で、廃棄物を送り込むなどの補助的な作業をすることになる。

テクノ中部の監督者で内部に入るのは一名か二名で、アトックスの放管員も一名入っていた。放管員の仕事とは、我々が仕分けしている廃棄物の線量をサーベイ（携帯用の測定器で汚染度を調べる）して、放射線量の高いものがあれば間髪を入れずに教えてくれることである。

放射線は五感で捉えることができない。たとえ近づく者を死に到らしめるほどの凄まじい放射線量であっても、視覚的に捉えることができないし匂いも音もなく、触れてもわからない。だから放管員がいないと、汚染度がどれほどのものなのかまるっきりわからないのである。

我々の職場に、多量の毒を撒き散らすような殺人的な廃棄物はさすがに入ってくることはなかったが、さきほども述べたように使用済み核燃料以外すべて取り扱っているので、きわめて危険なシロモノが運び込まれることはちょくちょくあった。

高汚染水が循環していた大小の配管が縦に割られて小さくされたのや、それに原子炉内で核分裂を抑えるブレーキの役割を果たしている制御棒さえも、細かく切断されて入ってきていた。制御棒は百万キロワット級の原子炉なら二百本前後使用されていて、古くなると機能が低下するため定期的に交換している。

汚染の著《いちじる》しい廃棄物は放射能の固まりのようになっていて、危険度が尋常ではない。そのような物騒な物が登場すると、すぐさま片隅に運ばれてビニールシートがかけられる。たったそれだけの処置で、かなり放射線の拡散を防ぐことができると言われている。

片隅に保管されている期間、作業員がむやみに近づかないようにビニールシートには「高濃度の廃棄物あり」の張り紙がされる。でも、いつまでもそのままにしておくと必然的に室内の雰囲気（放射線量）が高くなるので、二、三日のうちに仕分け室の奥に設けられている小テーブル上に広げられ、ビニール製の防護服でガードした作業員が一人で慎重に仕分けすることになる。

汚染していない廃棄物もドラム缶詰め

二十畳ほどの広さの仕分け室の床や壁、台上にはビニールシートの養生が何重にも施されているので、どこかの病院の手術室というよりも解剖室のような印象を受ける。

全身を黄色一色にコーディネートし、頭からすっぽりとフードマスクをかぶった医者ならぬ廃棄物担当の原発労働者が、死体から臓物を抜き出すように切れ味のいいハサミでビニール袋を切り裂き、ゴム手袋や皮手袋で何重にも保護している手を突っ込んで、耐えがたい悪臭を発している放射性廃棄物を引っ張り出す。そして金属類は金属類だけ、電線は電線だけというように、細かく分類していた。

廃棄物の種類はさまざまだが、もっとも多いのはやはり金属類である。径の太いものは短く切断され、縦に割られて瓦状になった各種配管の他に鋼材、バルブ、ゲージといった機器類、その他には工具類なども多量に登場した。

業者は一度管理区域内に材料や工具類を持ち込むと、よほど高価なものは別だが、持ち出すなんてことは滅多にしない。持ち出しの手続きが煩雑《はんざつ》だったためである。

たとえ汚染されていなくても、新品同然の工具類や、一度も使用されたことのない機器類が平然と捨てられるのが通常のことだった。だから高汚染されている廃棄物から、まったく汚染されていない物まで我々は取り扱っていたことになる。

金属類の他には、コンクリート片や赤レンガ、耐熱レンガ片、ぐるぐる巻きにされた電線やさまざまな太さのケーブル、ガラス片、それに廃液や泥状のスラッジが金属容器や、二重三重にしたビニール袋に入れられた状態で登場することもあった。

書類などの紙類や布切れ、ポリシート、プラスチック製品、それにフィルターなどの可燃ゴミも多量に出現した。フィルター類はハサミで五センチ角ほどに切断し、高さ七十センチほどの筒型の容器にぎっしりと詰め込まれ、布や紙類などとともに建屋内にある焼却場にベルトコンベアで運ばれて処分されていた。フィルターは汚染度が超危険レベルなので、切断するときには極力埃《ほこり》を舞い上がらせないようにと、放管員からたびたび注意を受けていた。


金属類などを丹念に分類したあとは、ドラム缶に詰めることになる。廃棄物を詰め込む二〇〇リットルドラム缶とは、野外キャンプなどで浴槽代わりに使用できる比較的に大きなサイズである。バーベキューに使ったり、焼却炉として活用されることもある。

このドラム缶詰め作業は、作業員が交代でおこなっている。

放射線防護の三原則とは、遮蔽、距離、時間だから、鉛などで遮蔽した上に線源からできるだけ体を離し、放射線に曝《さら》される時間を短くするため、すばやくドラム缶内に投入すれば被ばく量をかなり抑えることができる。線源からの距離が二倍になると、放射線量は四分の一になると言われている。

だが実際には、高線量の廃棄物を取り扱う場合でも鉛などを使って遮蔽したことは一度としてなかった

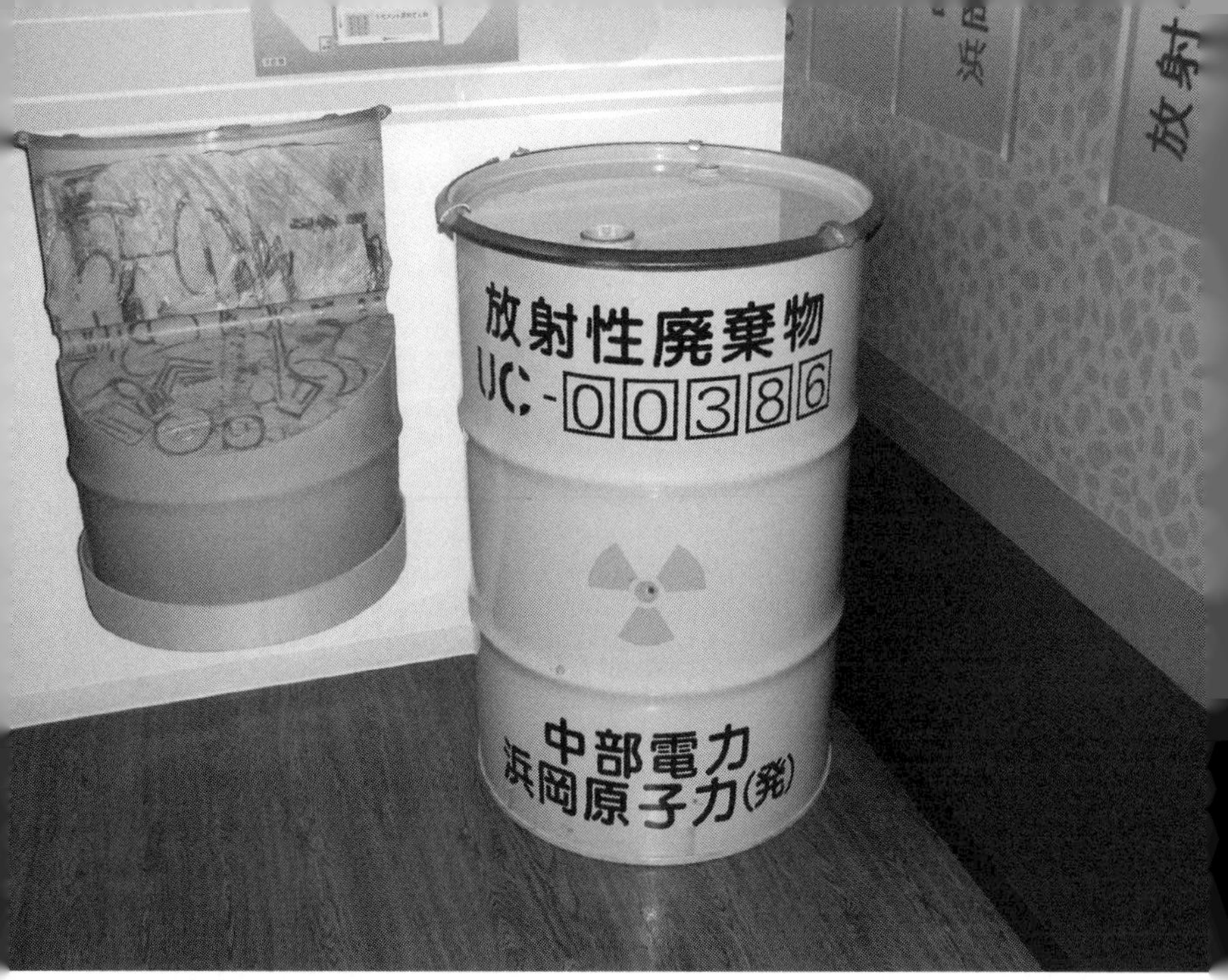

放射性廃棄物を入れるドラム缶。セメントによる固化のあと、六ヶ所村の廃棄物埋設センターに運ばれる。このドラム缶は、原子力館に展示されている。

し、すばやく投入するという荒っぽい作業も禁じられていた。仕分け作業同様、きわめて注意深く収納しなければいけなかったのだ。

もし投げ入れるようなアバウトな作業ぶりが見つかれば、すぐさまテクノ中部の監督が血相変えて飛んできて罵倒されるか、たっぷりと嫌味を聞くことになる。

ドラム缶詰め作業は、まず最初に底の弱い部分に金網やブリキ、バンセンといったクッションになるような軽量の金物をできるだけ均等に敷き詰め、そのあとに重量物を入れるようにしていた。線量の高い廃棄物はドラム缶の中央部分に収納され、周囲を低レベル汚染の金属類で囲っていた。

手作業で収納されるのが基本であり、たまにバランスアームやホイストクレーンで吊り上げて入れることもあったが、三十キロ程度の重量物なら、近くにいる同僚に声をかけて二人掛かりで詰め込む。パイプなど長すぎるものはバンドソーで切断していた。それから、あまりにも大きすぎてドラム缶に収納できないような廃棄物は、外に運び出してもう一度鉄箱に入れ、貯蔵庫に送り返していた。

圧縮など体積を小さくする減容処理は、僕が作業に携わっていたときには一度もおこなわれたことはない。すべての廃棄物はそのままの形で投入され、ドラム缶の重量は二百キロ前後に抑えられていた。それ以上の重量だと底が抜ける危険性があった。

詰め込み作業が終了すると、ドラム缶の蓋をボルトで固く締めつけてナンバーを記入したあと、放管員に渡される。放管員はドラム缶まわりの放射線量および表面汚染をチェックし、問題なければシャッター口が開けられて外部に運び出される。

管理区域から出されたあとは他の現場に運ばれて、ドラム缶の口いっぱいまでセメントが流し込まれる。セメントが固まると四本ずつパレットに積み込み、廃棄物貯蔵庫に運ばれる。いずれ青森県上北郡六ヶ所村にある日本原燃の「低レベル放射性廃棄物埋設センター」に移送されることになるのだが、それまでは浜岡原発の貯蔵庫の暗がりで眠ることになる。

ところで仕分け室の外には、中電の技術屋が知恵をしぼって完成させたという立派な設備が、もったいないことに埃を積もらせたまま放置されている。

我々作業員は、放射線や表面的な汚染から身を守るためにフードマスクを装着し作業着を重ね着して、仕分け室という隔離された空間で廃棄物を細かく選別する作業に励んでいる。しかしこの設備では、外部の安全なエリアに体を置いた状態で処理作業ができるという画期的なものだった。

一辺が七、八メートル、高さが四メートルほどの正方形をしていて、すべてステンレス製という立派なものである。しかし数十年間一度も使用していないせいか相当に汚れていて、ぺんぺん草が生えた掘っ立て小屋といった雰囲気があった。

作業員は二階の通路に立ち、密閉された設備の中をコンベアで廃棄物が流れてくると、ガラス越しに眺めながら仕分け作業ができる仕組みになっている。

汚染区域に腕を突っ込んでの手作業となるが、手や腕は分厚いゴム手袋で保護されているので、ゴム手袋に穴でも開いていない限り放射能汚染はゼロか、ゼロに近い最小限の数値に抑えることができる。そして、選別の終わった廃棄物は自動的に一階に送られ、待ち受けている作業員によってドラム缶に収納される。

大きなものだけは仕分け室で処理し、ここであらかたの廃棄物をさばく予定だったらしい。しかしながら、一億円近くかけたというこの人体にやさしい、表彰状ものの設備には大きな欠陥があった。平均的な日本人男性の腕の長さでは、ベルトコンベアで流れてくる廃棄物にまるっきり手が届かなかったのである。

「思い切り腕を伸ばしてやっと廃棄物に届くんだが、届いただけで満足な作業はできん。だから、この設備を使いこなせるのは、日本人ではプロレスラーのジャイアント馬場ぐらいのもんだ。もっとも、ジャイアント馬場は五年ほど前に亡くなったがな」

と同僚たちは笑いながら言う。

頭でっかちの、浮世離れした人物がこの設備を考案したのだろう。完成し、試験的に使用して初めて使い物にならないとわかったようで、工藤と僕が働くようになった頃は、すでに放置された状態で邪魔なだけの存在となっていた。原発内には、このようなガラクタが相当数あるのではないだろうか。

忌まわしきアスベスト

金属類や大量の電線や可燃ゴミの他には、社会問題となっていたアスベストも仕分けの対象になっていた。アスベストは石綿という言葉が示すように天然の鉱石のことで、繊維一本の細さは大人の毛髪の五千分の一だと言われている。

耐久性、耐熱性、電気絶縁性などの特性に優れ、それに非常に安価であることから「奇跡の鉱物」として、工業製品や建築用資材などさまざまな用途に使用されてきた。

浜岡原発でも建造物材料として、あるいは配管の断熱材や被覆《ひふく》材として大量に使用されていたアスベスト類は、その多くが金網や鉄筋などに巻きつき、コンクリートに食い込んだ状態で送り込まれてきた。樹木の幹や枝葉に絡まるつる草のように複雑にもつれ合っているのを根気よくばらし、金網は金網、コンクリート片はコンクリート片、アスベストはアスベストというように、念入りに色分けしていた。

アスベストは量の多い少ないにかかわらず、連日不快で忌まわしい姿を我々の前に曝していた。扱ったあとはまさに地獄だった。重ね着した衣服を突き抜けて針のような繊維が肌を刺し、気密性が高いはずのビニール製のフードマスクを通過して、容赦なく顔面にも突き刺さった。

慎重に処理しても同じだった。とにかく全身が害虫に刺されたようにかゆくてたまらず、作業後は昼間でも、シャワー室に飛び込んで全身をごしごし洗ったものだった。脱衣場の近くにあるシャワー室は、許可を受けなくてもいつ利用してもいいことになっている。一年中温水が使え、シャンプーや石鹸も常備されている。


この当時、世間ではアスベストの危害が盛んに叫ばれていた。作業をしている我々の周囲を、たとえ視覚的に捉えにくくても、アスベストの微小な繊維は密度濃く浮遊している。吸い込むと肺の奥深くにとどまり、体外に排出されにくい性質を持っている。その結果、じん肺や悪性中皮腫の原因となり、肺ガンを引き起こす危険性があった。

だが、原発という鎖《とざ》された世界では社会の常識というものが通用しないらしく、世間で騒がれていることなどどこ吹く風で、嫌われもののアスベストはいつまでたっても我々のもとに運ばれてきていた。けっして、仕分けの対象物としての地位を失うことはなかったのである。

仕分け室に姿を見せるのは、ほとんどが「白石綿」と「茶石綿」だったが、週に一度か二度は青みがかったヤツを見かけた。この「青石綿」がもっとも毒性が強く、ほんのわずかな吸引でも悪性胸膜中皮腫をわずらう危険性があると囁かれていた。

防塵の役目を果たしているフードマスクをたやすく通過するほどだから、呼吸器の奥深くに侵入しているのは疑う余地がないだろう。それにダニに刺されたようにかゆくてたまらないので、同僚の中から毎日のように不平不満のぼやきや苦情の声が飛び出したが、テクノ中部の監督者が手綱をゆるめることはなかった。

アスベストとは、この職場にいる限り延々とかかわりつづけなければいけないのかと危惧していたところ、平成十七年（二〇〇五）十月になって、いきなり取り扱い中止の知らせを受けることになった。二年間余り苦しめられた末の突然の朗報だった。

それからはアスベスト作業は完全に禁じられ、たとえ他の廃棄物と絡み合った状態で登場しても、埃を立てないように慎重にビニール袋に入れ、まとめて外に出すようになった。

この年の六月頃、「クボタショック」と呼ばれるアスベスト公害が国民の大きな関心を呼んでいた。兵庫県尼崎市にあるクボタの旧神崎工場の従業員七十四名が過去に、アスベスト関連疾患によって死亡していたことをマスコミが暴露したのである。

その工場ではアスベストを材料に水道管や住宅建材をつくっていて、被害者は従業員だけにとどまらず、工場周辺の住民にまで及んでいた。飛散したアスベストを吸って中皮腫に罹患《りかん》した近隣の人々は、二百名を超えているとのことだった。

このクボタ問題に加え、中止命令の出る少し前に、浜岡原発でも三十代の作業員がアスベスト吸引による「悪性腹膜中皮腫」で死亡するという事故が発生していた。その人は、浜岡原発で昭和六十一年（一九八六）から十八年間、アスベストを含む余熱除去ポンプや配管のメンテナンス作業に携わっていたのだという。

しかし、死亡事故という重大災害が発生したのが我々の作業現場ではなかったため、テクノ中部の監督者からアスベストの取り扱い中止の報告を受けただけで、作業員が亡くなったという話はいっさい耳にすることはなかった。事故に対して神経質な中電から、緘口令《かんこうれい》が敷かれていたのだろう。

それゆえ、浜岡原発で実際に発生した「アスベスト作業の末の労働者の死」という痛ましい現実を僕が偶然知ることができたのは、原発労働を離れてしばらく経過してから。御前崎市の図書館でたまたま手にした、静岡新聞社編『続浜岡原発の選択』によってだった。

それまではわずかな噂さえ耳にすることはなかったのだから、浜岡原発の作業員でどれだけの人がこの事故のことを知っているのだろうか。百人に一人もいないのではないだろうか。

原発では臭いものに蓋をするように、不都合なことが発生すると徹底的に秘密主義をつらぬく。ひた隠しにする。死亡事故が遭ったことをオープンにして、同じような事故を起こさないための教訓にするなどというまっとうな考えなど、ハナから持っていないのである。

この死亡事故は、危険を充分に認識していながら従業員にアスベスト作業に就かせたとして、遺族が訴えを起こしている。

そして七年後の平成二十四年(二〇一二)三月、静岡地裁は「雇用側の安全対策に不備があった」とする判決を下し、防じん対策を怠ったとして中電のグループ企業である中部プラントサービスと、亡くなった作業員が所属していた下請け会社に対して五千二百万円を支払うように命じた。

中電については、「亡くなった作業員を指揮監督しておらず、責任はない」として、賠償責任を負わせていない。

たとえ廃棄物であっても、けっして乱暴に扱うことはなかった。製品のように注意深く選り分けるように指導されていたからである。それだけ慎重に取り扱っていたにもかかわらず、一部の廃棄ゴミがドラム缶を腐食させる性質を持っていると判断されてからは、さらに入念な仕分け作業を要求されるようになった。

それまでごく普通にドラム缶内に投入していた耐熱レンガや、高熱で腐食したようにボロボロになったコンクリート片などは、手ハンマーやトンカチで粉々に砕くようになったので、作業場には薄茶色の粉じんがもうもうと立ち込めるようになった。

仕分け台の真上には、直径三十センチほどのアルミ製の筒による換気設備が取りつけられていたが、粉じんを完全に吸い込むほどの威力はなく、作業台の向こう側にいる同僚が視界から消えてしまうほど、室内の空気が汚染されることもあった。ダスト濃度が高いどころの騒ぎではない。わずか三メートル先にいる同僚の姿が見えなくなるのである。

粉じんが激しくなると、我々は顔をそむけながら作業に取り組んでいた。恐ろしいのは、放射能汚染していることだった。いや、粉じん自体が放射性物質となって、花粉のように飛び交っている。だから、仕分け場で邪悪な霧のようにもうもうと立ち込める粉じんに包まれるたびに、体内の危険信号が点滅するのを自覚した。

放射線による健康被害は外部被ばくよりも、呼吸などによって放射性物質を体内に取り込む内部被ばくのほうがはるかに危険度は高い。体内に蓄積《ちくせき》された放射性物質が放出する放射線によって、体の内側から被ばくするからである。その結果、細胞が著しく傷つけられ、免疫力は低下し、ガンなどを発症する原因となる。

放射性物質と化した粉じんを浴びながら僕は、まるで低線量被ばくのモルモットにされているような感慨を受けたものだった。不快指数はピークだった。

「トントントントン……」と、まわりで規則正しく響いているハンマーで砕く音が、死のリズムを刻むサウンドのように聞こえなくもなかった。

電気をつくるには、水力、火力、原子力、風力、地熱、それにバイオ発電と、さまざまな方法がある。その中で原子力発電は、もっとも非人道的な発電方法だった。

この当時、政府や電力会社は原発でつくられたエネルギーを、「環境にやさしいクリーンエネルギー」と盛んにPRしていたが、労働者の被ばくという犠牲がなければ発電できない仕組みの原発のどこがクリーンなのだろうか。

それに、環境にやさしいなどとピントはずれな言葉を口にした者は、人工的な放射性物質の大半が原発で生成されているという事実を知っているのだろうか。

粉じんの量が並大抵ではないので、フードマスクに取りつけられている送気ユニットのフィルターの汚れがすぐに限界に達し、いつの間にかパウダー状のものが口の中に侵入している。これを飲み込んだら、と考えるとぞっとする。

口内への侵入を防ぐには、頻繁にフィルターを交換するしか対策はないのだが、交換を頼むとテクノ中部の監督者はてき面に嫌な顔をし、なぜか出し惜しみする。だからフィルターを取り替えるのはせいぜい三日に一度程度で、特別汚れのひどい場合には指で払ったり、棚などにフィルターを叩きつけて埃を落として使用していた。

使い捨てフィルターを何度も再利用しているのだから、安全管理が行き届いているとは、とても言いがたい状態だった。

「この粉じん、ヤバイんじゃないの？」

たまりかねてアトックスの放管に訴えたことがある。

すると彼は、「ダストの放射能濃度は微量であり、汚染度は許容範囲内の数値だ」と、しきりに安全性を強調していた。そのくせ、視界不良になるぐらいもうもうと粉じんが舞いはじめると、顔をしかめていつもまっ先に隣室に避難していたのはこの放管だった。

それはテクノ中部の連中も変わらない。粉じんが激しくなると、秀でた忍術使いのようにたちまちのうちに姿を消してしまう。素早く仕分け室の片隅に身をひそめるか、アトックスの放管員同様、さっさと隣の小部屋に逃げ込んでしまうのだった。

被ばく作業は残酷である。労働者にガンなどのリスクを背負わせるのだから。内部被ばくの危険性に曝されていると考えるとやり切れなかった。健康体で原発のゲートをくぐったのに、出るときには体がボロボロになっていたということにならなければいいのだが。

だから、この作業現場を嫌悪したときの選択肢はたった一つで辞めるしかない。それはよくわかっている。だが現実問題として生活のため、家族を養うためにこの仕事から逃げ出すことはできない。そうすると、粉じんに慣れるしか方法はなかった。

どんな過酷な作業環境であろうと、徐々に慣れるのが人間という存在である。そして、こんなときに有効な考え方がある。他の作業員は放射線の影響を受けても、自分だけは大丈夫だと考えることだ。思考をポジティブにしなければ、このような現場では神経が参ってしまう。生まれつき体は強健なのだから、問題が発生することはないだろうと自分を安心させるために、あるいは慰めるために。

「僕だけは大丈夫だろう」

その自信はあったが、こんな思いをしてまで働きつづけなければいけないのだろうか、と悩んでしまった。永遠に陽の射すことのない原発の地下深くに追いやられ、放射能まじりの粉じんを浴びている自分という存在は、まるで〝原発奴隷〟であった。

ある日のこと、いつものように粉じんを全身に浴びながら仕分け作業に精を出していると、隣で作業している同僚がにじり寄ってきた。

「いま隣の部屋まで工具を取りにいってたんだが、××の野郎、俺たちには出し惜しみするくせに、こそこそと物陰でフィルターを取り替えてやがった。とんでもないヤツだ」

テクノ中部の監督者の名前を口にする彼の声が震え、フードマスクのプラスチック板から覗く両目には、怒りの炎が燃え立っている。

フィルターの交換を嫌がっているのは、中電から支給量を制限されているからなのだろうか。それともテクノ中部の監督が、自分たちの判断で使用量を抑えているのだろうか。どちらの判断にせよ、その根底にあるのは働く者の健康や安全への軽視である。

「この埃を吸って死ぬのが二十年後なら、わしは八十歳近い老いぼれだもんだで、死んだところで少しも悔いはない」

達観したような言い方をしていた古株で班長クラスのHさんは、この二年後に肺ガンを病んで入院。手術の一ヵ月半後に職場復帰した。ところが、ガンがあちこちに転移していたらしく、二十年後ではなくわずか数年後に死亡した。

白血病でもいかなるガンであっても、電力会社は原発労働との因果関係を容易に認めようとしない。しかし、長年の原発での被ばく作業が発症の一因になっているのは間違いないだろう。それに肺ガンの場合は、比較的に労災認定を受けやすいと聞いている。Hさんの遺族は労災の手続きをおこなったのだろうか。

「原子力産業に従事する労働者は、他の一般労働者に比べ、十倍も二十倍もガンにかかりやすい」と述べたのは、アメリカのマンクーゾ博士である。

そして僕自身も、平成二十一年（二〇〇九）六月、原発労働から退いた翌年にガンを発症する。正確に言うなら、平成二十一年は手術した年であり、担当医の話によると、少なくとも二年前にはガン細胞は芽吹いていたとのことだった。だから、美粧工芸の作業員として浜岡原発で働いていた頃から、忌まわしい病に侵されていたことになる。

第二章
ガン発症

御前崎市立総合病院

ぶきみな下腹の痛み

僕がガンという悪夢を初めて自覚したのは、平成十九年（二〇〇七）八月、御前崎市内の塩原新田にある「O医院」で健康診断を受けたときだった。

原発に籍を置いている者は、半年に一度の「電離放射線健康診断（電離検診）」を義務づけられていて、所属している美粧工芸の指定病院がO医院だったわけである。

市内の開業医はどこも繁盛している。O医院も例外ではなく、少し遅れていくと待合室はお年寄りの井戸端会議の場と化す。だから、診療時間の少し前に工藤と二人で飛び込み、いつものように身長、体重、血圧を測ったあと、血液検査、皮膚検査、尿検査、視力および聴力検査、それに胸部のレントゲン撮影などを午前中いっぱいかけて受けた。

定期健診には作業日の午前中にいくことが認められている。でも、全員が一度に押しかけると病院も困るだろうし、仕分け作業に支障をきたすことになるので、十五名いる従業員は日を決めて二名ずつ出向くようにしていた。

検査をすべて終え、支払いを済ませて会社に帰ろうとしていると、小太りの看護師さんが診察室から泡を食った感じで弾むように躍り出てきて、僕を呼び止めた。こんなことは初めてだった。工藤は関係ないらしく、僕一人だけが呼び止められたのだった。

検査のやり残しがあったのだろうか、と首を傾げながら中年の看護師さんについて診察室に入ると、ロイド眼鏡をかけたダルマのような体型をした年配の医師が、使い古した飴色のデスクで年代物の顕微鏡を真剣な表情で覗いていた。

「大丈夫だとは思うのですが、少し引っかかる点があったので、いまあなたの血液を調べているところなんですよ」

僕が椅子に座ると顔を上げてそうつぶやいたあと、再び顕微鏡を覗き出した。

医師の傍らにはさきほどの看護師さんが控えていて、心持ち険しさを滲ませた顔つきでちらちらとこちらを盗み見ている。診察室の壁の時計は十二時を少し回っていたので、昼の休憩時間を何分間か奪われたためだろうと最初は思っていた。だが、すぐに彼女の表情の険しさは、僕に対する哀れみではないだろうかと考えるようになった。

「何か質《たち》のよくない病に侵されているのだろうか?」

僕はどきどきしながら医師の宣告を待った。

高齢の医師は顕微鏡から顔を離すと思案するような表情を見せていたが、すぐに柔和な顔つきになり、「まあ、大丈夫だろう」と独り言のようにつぶやき、「問題ないようです」と目を糸のようにして快活な笑い声を発した。しかし、このときには、間違いなく僕の肉体はおぞましい病に蝕まれていたことになる。

血液検査でガンを発見するのはきわめて困難なのだという。だが、彼のキャリアが何か不安要素を感じ取ったのなら、問題ないようです、などと曖昧にしないで、「検査体制の整っている病院で一度調べてみたら……」程度の助言をして欲しかった。そうすれば、たとえ手術するにしても初期ガンとして簡単な手術で終わったはずである。

それに、このときの大きなサインを見逃した僕自身にも問題があった。虫が知らせるというか、病院から戻ったあとも数日間は嫌な予感が絶えずしていたのに、大手の病院を訪ねて本格的に診てもらおうと決心することはなかった。

半年後の平成二十年（二〇〇八）二月に再びO医院を訪れて定期健診を受けたが、このときには何も言われなかった。健康体と認定されたのである。年二度の病院での検査では、原発労働者の職業病とも言うべきガン検診を疎《おろそ》かにしているのだから、なんのための健康診断なのか首をひねりたくなる。

腹部に痛みが走るようになったのは、その年の十一月からだった。九月には美粧工芸を辞めていたので、その二ヵ月後ということになる。

五年間住んでいたアトックス寮の南隣に位置している「A医院」に十二月初旬から通うようになり、内科の診療を受けた。しかし、いくら田舎の医院といってもひどいもので、通うたびに病名が変わった。藪先生から便秘とかインフルエンザとか、あるいは尿道結石の疑いがあるとか、言われつづけていたのである。

耐えがたいほどの激しい痛みが襲いかかれば、こちらも心配になって大病院の門を叩くのだが、下腹部に鈍痛があるのは週のうち二日か三日程度。それに発熱もなく、ズキズキジクジクといった感じの痛みはいつも数時間で治まっていた。

やがて、診察室で首を傾けてばかりいる頼りない先生に診てもらうのがバカらしくなり、通院をやめてしまった。すると徐々に痛みの周期が短くなり、鈍痛だけでなく、ときたま下腹に槍で刺されたような鋭い痛みが走るようになった。

不安を覚えた僕はやっとのことで重い腰を上げ、地元の総合病院で検査を受けることにした。腹部に痛みを覚えるようになった約五ヵ月後の、平成二十一年（二〇〇九）三月下旬のことだった。御前崎市立総合病院は、「金十郎ギツネ」の伝説が残る七つ山の一つである低い山の頂に威容を誇っている。

エコー（超音波）検査を受け、ポリープなどの病根は発見されなかったと診断された。

「ほんとうですか？　もう半年近く正体不明の痛みがつづいているんですよ」

「痛いという下腹部を重点的に調べたのですが、ポリープの欠けらも見つかりませんでした」

四十代の実直そうな感じの検査技師は胸を張って宣言した。そうなると何も言えなくなり、僕は彼の言葉を信じて病院をあとにした。

けれども、その翌日には早くも激痛に苦しめられることになる。そのあとも無気味な痛みはつづき、エコー検査を受けた約一ヵ月後に再び御前崎総合病院に足を運び、一週間後に大腸の内視鏡検査を受けることになった。

生まれて初めての内視鏡検査であり、肛門から細長い器具を差し込むという検査方法には男性の僕でも抵抗感いっぱいだったが、そんなことよりも驚くべき検査結果が出た。悪性と思われる大きなポリープが発見されたのである。

ガンだろうか？　いや、間違いなくガンだろう。ガンに違いない。ガンという言葉には、絶望感を抱かせる恐ろしい響きがあった。それに、いままで健康について特に気を配ることはなかったので、自分の肉体に復讐されたような心境だった。

「悪性だろうと思いますが、いちおう検査に出してみます。検査結果がわかるのは二週間後になりますので、そのときにまたきてください」

赤黒く腫れ上がった大腸の写真を何枚か見せられたあと、内科のお年寄り女医先生からのんびりした声で告げられた。

「二週間後にきてくれだって?」と僕は胸の中でつぶやいた。

腸管《ちょうかん》が極端に狭くなっているため、内視鏡の器具がつかえて入っていかなかったと検査をしてくれた医師から告げられていた。そのような状態なのに、わが家に帰って普通に生活しろと言うのである。あなたはもう手遅れだから、どのような治療をしても回復する見込みはないんですよ、と突き放されたような心境だった。

「大腸があのような状態なのですから、検査結果を見なくても悪性とわかるじゃないですか。それに、二週間も放置していてほんとうに大丈夫なんですか」

僕は喉の奥から声をしぼり出した。

「大丈夫だと思いますよ」

彼女はそう口にしたあと、急に不安そうな顔つきになった。天井を仰いだりして数秒間考え込んでいたが、背筋を伸ばすとつくり笑いを浮かべた。

「二週間程度で、いきなり症状が進行することはないと思います。ただ食事には気を配って、消化のいいものを食べるようにしてください。豆腐とか軟らかく煮た野菜とか、果物もお勧めです。お米も柔らかく炊くようにして、できたら、お粥にして食べたほうがいいでしょうね」

シルバー女医先生のかすれ声をぼんやりと聞きながら、もうこの病院に来ることはないだろうと僕は考えていた。それに、エコー検査であんなに巨大なポリープを見逃してしまい、厚かましくも「欠けらも見つかりませんでした」などとほざいていたのである。信頼できない医師や病院に、命を預けるわけにはいかなかった。

原発立地交付金をたっぷりと投入して建てられた御前崎市立総合病院は、医療設備だけは大学病院並みに整っていると聞いている。しかし、原発事故の危険性のあるこの地に赴任してくるまともな医師はいないみたいで、市内の開業医は大忙しなのに、ここは閑古鳥《かんこどり》が鳴いているような状態だった。

あわてて浜松医大病院に駆け込む

内視鏡検査を受けた日の夕方、電話で友人に相談した。すると、ガン治療なら浜松医大病院（国立浜松医科大学医学部付属病院）に行くべきだと教えられた。

その日は運の悪いことに金曜日だった。土・日曜日は休みのはずだから、一緒に行ってくれる友人の都合に合わせ、翌週の五月二十六日の火曜日に向かうことにした。

御前崎を友人の車で朝七時に出発したので、浜松市郊外にある医大病院には九時少し前に到着し、すぐに大腸の専門医の診察を受けた。内視鏡検査のときの写真を先生に見せたあと、「長く生きられないのなら、隠すことなく正直に話して欲しい」と訴えた。これは僕の正直な気持ちだった。

下腹部の鈍痛を自覚するようになったのが昨年の十一月。それ以後、確実に痛みは増している。ガンは痛みがある状態ならすでにかなり進行していて、手遅れの場合がほとんどだと聞いた覚えがあった。だから、ガンが原発での労働に起因していようがいまいが死ぬのが定めなら、自分の寿命として素直に享受しようと考えたのである。

医大病院のK医師も無惨に腫れ上がった大腸の写真を見て、末期ガンではという判断があったのだろうと思う。柔らかいが響きのいい声で、「もし末期の場合には、五年後の生存率は二十％から二十五％ということになります」と説明してくれた。ほんとうはもっと低いのだろうと思いながら、医師の話に耳を傾けていた。

予約なしに押しかけたこのときの診察は一時間ほどかかったと記憶している。だから、他にもいっぱい説明を受けたはずなのに、何一つ思い出すことができない。この二十％から二十五％という話しか脳裏に残っていないのだ。

その三日後に、浜松医大病院でも内視鏡検査を受けることになり、検査後にステージ3と告げられた。ガンには、進行のレベルを表わすステージ0からステージ4まであり、もっとも進行したステージ4を一般的に末期ガンと呼んでいる。だからステージ3ということは、その一歩手前で間一髪踏みとどまっていることになる。

末期ガンだろうと自分で勝手に思い込んでいたので、これほど嬉しい宣告はなかった。どうやら、いますぐに死ぬようなことはないらしい。

自分の寿命として受け入れるなどと、覚悟のほどを示したつもりでも、助かるとわかるとつい涙ぐんでしまうほど嬉しい。「バンザイ!」と叫びたくなるほど嬉しい。しかし、大腸が詰まりかけていて一刻を争うとのことだったので、六月三日に入院。手術日は、一週間後の六月十日ということになった。

入院した日から食事の摂取を完全に禁じられ、一日二度、紙パックに入ったミルクコーヒーだけという過酷さだったが、僕は羊のような素直さで従った。けっして病室を抜け出してこっそりと一階の売店にいき、買い食いするような無茶はしなかったのだ。

そして絶食を命じられた一週間を、多くの患者が最後を迎えたであろうベッドに横たわり、死人のようにおとなしくしていた。

痛みは体の異常を知らせるシグナルのようなものなのだろう。大腸に腫瘍《しゅよう》が発見されたあとも、相変わらず腹部の鈍痛はジクジクと襲ってきていたが、検査を受けることを決心させた槍で刺されたような耐えがたい激痛に苦しめられることは、一度もなかった。医大病院に入院してからは、鈍痛自体もかなり軽いものになっていた。

手術日の午後、若い看護師さんが病室まで迎えにきてくれた。手術室には、てっきりストレッチャーで運ばれるものと思っていたのである。渡された手術着に着替えると、看護師さんは「さあ、行きましょう」とにっこり微笑んだ。

スリッパをぺたぺた響かせて彼女の後ろをついて行った。エレベーターで三階まで下って、広々として湿っぽい手術室に入った。そこには薄いグリーンの手術着を着用したK医師と数名の研修医、それに大学病院という性質上、ノートを手にした五、六名の男女医学生の姿があった。彼らの周囲を数名の看護師さんが慌しく動き回っている。

高くて狭い手術台に横たわると、すぐに麻酔が打たれ、一分もたたないうちに昏睡。眠りから覚めるとすでに手術は終わっていて、少し離れた場所で執刀医のK医師は、研修医や学生たちに取り囲まれて何か説明していた。僕が目覚めたことに気づくと目を細め、「手術は大成功でしたよ」とつぶやいた。聞く者を安心させる、温かくて張りのある声だった。


手術の翌朝には、早くもリカバリー室から六人部屋に移された。

「できるだけ早く体を動かすようにしないと、癒着性腸閉塞を起こしますよ」

様子を見に訪ねてくれたK医師からさっそく脅かされた。それに、尿道に差し込まれていたオシッコ用のビニールの管を抜いてもらいたいため、大部屋に移された日の昼過ぎには、意を決して一人でトイレに向かうことにした。

トイレにいく決心をしたが、起き上がるまでが大変だった。大腸をほんの少し短くしただけなのに、体にメスを入れるということはこれほど肉体に負担をかけるものなのだろうか。ベッドの手すりにかけてあったコントローラーのスイッチを押していっぱいまで上半身を起こしたが、それでもベッドから離れることはできなかった。トウガラシを飲み込んだ鶏のようにバタバタしていると、見るに見かねたのだろう、隣のベッドの人が飛んできた。あきらかに僕よりも高齢の入院患者だったが、手術後数日が経過していたので、比較的に自由に動き回れる肉体を取り戻していた。

「それで、どこに行くつもり?」

「トイレですよ」

彼に助けられ、どうにかリノリウムの床に自分の両足で立つことができた。

「一人で行けますか?」

「ええ、大丈夫です」

キャスター付きの点滴棒にしがみつき、アヒルのように首を伸ばして前傾姿勢になり、重い足を引きずりながら少しずつ歩を運んでトイレまでの長い道のりをたどった。

そのあとも、尿意が襲うたびに点滴棒とともにトイレに向かった。二度目からは同室者の手を煩わせることはなかった。起き上がるコツをつかみ、自分一人だけでなんとか床に立つことができたのである。しかし、数日間は歩くこと自体が大変な苦痛をともなったので限界まで我慢し、尿意が風雲急を告げる状態になってはじめてベッドから這い出るようにしていた。

頼もしき友である点滴棒にはもちろん点滴の容器がぶら下がっていて、管を通して僕の弱った肉体に栄養を送りつづけている。それから、ベッドからナースステーションの先にあるトイレまで何歩で行けるのか毎回数えていて、いつも三十五歩か三十六歩で入口までたどり着いていた。

死神が消える

本館七階にある第二外科東病棟の病室。ガン患者が多いせいで、死臭が漂っていると嫌悪する神経質な人はいるようだけど、僕にとって医大病院の病室はとても心安らぐ空間だった。

手術の数日後、ベッドで読書をしていると、病室にＫ医師が入ってきた。

「ちょっといいですか？」

「はい、どうぞ」

ベッド脇に置かれている椅子に、彼は腰を下ろした。

「いい話と悪い話があるのですが、どちらからしましょうか？」

「悪い話もあるんですか？　できたら、いい話だけ聞きたいですね」

Ｋ医師の穏やかな表情を見て、生死にかかわる重大な話でないことは感じていた。入院してから、医師や看護師の顔色を読むのが相当にうまくなっていた。

「それでは、いいほうの話を先にすることにします。実は今回の手術で、疾患部とともに周辺のリンパ節を摘出しました。転移しているだろうと判断したからです。ところが、摘出したリンパ節を詳しく検査してみますと、転移がまったく見られませんでした。その結果、ステージ2に引き下げることにします」

リンパ節に転移していた場合には、ガン細胞がリンパ液の流れに乗って広がり、別の臓器や器官に転移する確率が格段に高くなるのだという。

恐ろしいことに僕は、どちらに転んでもおかしくない場所に立っていたらしい。僕の肉体の内部で生と死のせめぎ合いがあり、たまたま運よく生への道に足を踏み入れたということなのだろう。身震いするような幸運であった。

「もしリンパ節に転移していた場合には、逆に3からステージ4に引き上げられる可能性だってあったわけですね？」

説明が終わり、部屋から出ていこうとするK医師を呼び止め、僕は質問した。

「リンパ節に転移していた場合でも、ステージは3のままですよ」

彼は椅子に座り直した。

「リンパ節から他の臓器への転移ということになればどうでしょうか」

他の入院患者に聞こえないように声音を抑えた。

「そうなれば、ステージを上げることも考えられます」

K医師も声をひそめた。

「つまり、お陀仏になる確率がずいぶん高くなるということですね？」

「そうですよ」

転移を告げられることは、僕にとって死の宣告をされたと同じだった。背中からスーッと死神が消えたような体の軽さを感じた。

そのあと悪い話も聞いたはずなのに、棺おけに片足を突っ込んでいたというショックを消化するのがせいぜいで、なんと説明されたのか記憶の断片も残っていない。記憶に少しも残っていないということは、おそらくはたいした内容ではなかったのだろう。

その翌朝のことだった。眼鏡をかけた色白の看護師さんが脈拍を測ったあと言った。

「変わった宗教を信仰しているんですね？」

「えっ？」

「モルモン教ですって?」

「誰が?」

「あら」

看護師さんは不思議そうにこちらを見ている。検温を終えたあと、彼女は詰所から入院当日に受けた質問表を持ってきて見せてくれた。確かに「信仰は?」の下に、「モルモン教」と僕のかな釘流ではなく、女性のきれいな丸文字が記されている。

酒は? タバコを吸いますか? という質問のあと、「趣味は?」「自分の性格をどう思いますか?」「両親や兄弟の中で、ガンで亡くなった方はいますか?」などといった質問に応じたことは覚えている。そのあと信仰を尋ねられたことも、うろ覚えながら覚えている。ただ、どういうつもりでモルモン教を信仰していると述べたのか、まったく記憶していない。

覚悟を決めていたはずだから、気が動転していたわけではない。おそらくは冗談で言ったのだろう。しかし、ガン病棟に入院したばかりの患者がまさか冗談を言うとは考えなかったらしく、質問表を持参した看護師さんはそのまま記入したものと思われる。

モルモン教は、アルコール類やコーヒーなどの刺激物を摂取したら駄目とか、性欲についても厳しい戒めがある。輸血も禁じていたように記憶している。輸血ができないというのは、病院に入院している者としたら問題である。

おまけにモルモン教にはカルト宗教というイメージがあって、そんな宗教を信仰している変人と思われるのも心外である。ボールペンで記入されているので消すことはできないので、横線を二本引いてもらい、その下に無難に仏教と書いてもらった。

手術の二日後の昼食から水のようなお粥だったが食事が出るようになり、五日目には入浴を許可された。さっそく点滴棒を押して風呂場に行き、ドアに貼りつけてある用紙とにらめっこした。時間の横に入浴者の名前が記入してある。その日から入浴は、入院中の最大の楽しみになった。

体は日に日に回復していき、トイレにも問題なく通えるようになった。風呂場の近くに置いてある体重計に乗ると、五キロ以上落ちていたが健康を自覚していた。

西病棟と東病棟の中央のエレベーター前に細長い休憩所が設けられていて、そこでタバコを吸うことができた。僕はタバコはすっかり卒業していたが、読書やベッドに横になっているのに飽きると、よくこの休憩所に出かけていた。

窓の外には建設中の建物があって、せっかくの景観を台無しにしていた。すでに建物は出来上がっていて、職人が内装工事をおこなっている。こちらと同じ八階建てで、完成するとこちらの病棟がそっくり引っ越すことになっている。そして我々が入院している病棟は耐震に問題があるらしく、一、二階だけを残して取り壊されるのだという。

休憩所には、毎日四度も五度も足を運んだ。ここではさまざまなドラマがあった。ある日のこと、病院から支給された患者衣姿で、いつまでもエレベーターを睨みつけている中年男性の姿があった。友人や家族が見舞いに訪れるのを待っているのだろう。その孤独な姿は、僕自身の姿でもあった。数名の友人が見舞いに来てくれただけだった。

「あっ、こんにちは。いきなり電話して申し訳ない。どうしても、あなたと話したくてね。ところで、僕が浜松医大に入院していること知ってるよね。……うん、うん、いや、そうじゃないんだ。さきほど先生から手術できないって告げられてね。だから……うん、うん、ありがとう。うん、うん……」

携帯電話はここでしか使用できないので、聞くとはなしにさまざまな内容の通話が耳に飛び込んできた。三十代後半に見えたその人は、絶望からくる悲しみや苦悩を乗り越えたようなおだやかな表情で話していて、ときおり笑みを浮かべていた。このあと、放射線治療をはじめるという話をしていた。相手は恋人か、もしくは彼が思っている人なのだろう。

「さきほど亡くなりました。いままで側で見ていて可哀想なほど苦しんでいたんですけど、最後はほとんど苦しまず、眠るように静かに……」

別の日には、中年女性がぽろぽろと涙をこぼしながら電話しているのを目撃したことがあった。喋っている文句が、以前観たテレビドラマとそっくり同じだった。それに、そのときが近づくと西病棟に移されるのだろうか。死者が出るのはいつも西病棟だった。

「先生、早くガンを退治する注射を打ってくださいよ。打ってくれないと死んでしまいますよ」

これは、毎日利用している風呂場の壁に書いてあった。同じ文句の落書きがトイレの個室にもあったから、同じ人の作品なのだろう。どんな男性なのだろうか。いまでも入院しているのだろうか。年齢は？何もわからない。だけど、切羽詰った気持ちでこれを書いたということだけは、苦しいほどよく伝わってくる。そしてこれを書く前に、何度も医師に頭を下げたに違いない。医師の困惑している顔が目に浮かぶ。

不幸や苦悩、悲しみの渦巻くこの病棟で、僕は死線を乗り越えた喜びに浸っていた。しかし、再発や転移との闘いはこれからだった。五年後に生きていれば、僕の勝ちということになる。

退院は六月二十日と告げられていたが、手術後におこなった検査で胃にも悪性ポリープが発見された。でもこれは大腸からの転移ではなく、それにごく初期の０ステージだったので、入院中の二十六日に内視鏡手術で腫瘍を取り除いてもらった。特に胃の痛みや違和感を自覚したことはなかったので、今回の大腸手術がなければ胃のポリープのことは見過ごされたはずだから、幸運というしかない。幸運つづきであった。

そして、五年後の生存率は七十％から八十％というお墨付きをもらい、一ヵ月近くお世話になった浜松医大病院を退院したのだった。

労災の訴え

拾った命という思いが強かった。だから、なおさら大切にしたいと考え、退院後も医大病院に定期的に通院していた。二週間前に受けたＣＴ検査の結果を聞きに行ったときに、Ｋ医師に原発労働と今回のガン発症との因果関係を問うてみた。検査結果は問題ないと告げられてほっとしたあと、雑談の中で質問したのだった。

すると、「無関係ではないと思う」という見解を述べていたので、その一ヵ月後に「診断書を書いてくれませんか」と打診した。

「放射線被ばくによって細胞が傷つけられ、発ガンの危険性が高まることは、すでに原発先進国の学者たちも認めています。でも、被ばくしたからといって必ず発ガンするわけではありません。確率的なものであり、それに長い潜伏期を経て生じるので、原発労働によって誘発されたものなのか、遺伝によるものなのか、あるいは他の原因によるものなのか、特定するのは非常に困難です。

あなたの大腸ガンと胃ガンが間違いなく原発労働が原因であると立証されれば、いくらでも診断書を書きますよ。だけど、もし推測だけで書いたりしたら、私は医師としてやっていけなくなります」

まだこの国では、医師が迂闊《うかつ》に因果関係があると発言したり、診断書を書くなどしたら理不尽な圧力を受けることになるのだろう。

だが、僕のガン発症は原発労働での放射線被ばくによるものだと考え、手術した年の十月に磐田の労働基準監督署の労災課に相談にいき、二ヵ月後の平成二十一年（二〇〇九）十二月十八日に正式に労災認定をもとめる書類を提出した。

そのあと半年間のあいだに四度の聞き取り調査がおこなわれ、僕はその都度労基署に出向き、担当職員相手に意見を述べた。

書類を提出したのち、どれほどの人が実際に認定されたのかネットで調べてみたところ、その実数を知ってびっくりするしかなかった。いままで数多《あまた》の労働者が原発作業によって白血病やガンに蝕まれて亡くなったはずなのに、補償を勝ち取ったのは、厚生労働省が発表した資料によると過去三十五年間でわずか十例なのだという。

その十例の内訳は、白血病が六人、多発性骨髄腫が二人、そして残りの二人は悪性リンパ腫だった（平成二十二年四月の段階）。少ないとは聞いていたが、まさかここまで少ないとは想像さえしていなかった。

現在、国内十七ヵ所の原発及び高速増殖炉「もんじゅ」などの原子力施設で働いている人々、それに各地の原発を渡り歩いている定検労働者を加えると、その総数は七万人から八万人。過去に原発とかかわった労働者数は、百五十万人もの厖大な数にのぼると聞いている。

それなのに放射線障害を認められ、救済されたのはやっと両手の指ほどの数なのだから、誰が考えたって原発労働者は不当な扱いを受けているとわかるはずである。こんなバカげた話はない。

つまり国や電力会社としては「原発は安全である」と主張しつづけるためには、作業員が被ばく労働によって原発ぶらぶら病になろうが、ガンを発症してやせ衰えようが、歯茎から血を流して死んでいこうが、因果関係や関連を断固として認めなかった結果、この数字になったということなのだろう。数多くの労働者が無念の涙を流しながら死んでいったことだろう。

運よく補償を勝ち取ったのは、浜岡原発で下請け作業員として働いていて白血病をわずらい、平成三年（一九九一）十月二十日に亡くなった嶋橋伸之さん（二十九歳）のように、遺族が裁判を起こしてやっと認定されたケースがほとんど。だから、僕の場合はすぐに不支給の決定が下されるだろうと踏んでいた。けれども、案に相違してなかなか決着がつかなかったのである。

二年が過ぎ、その間に東京電力の福島第一原発が戦後最大の国難と言われる原発震災を引き起こし、収束作業に従事する労働者の被ばく問題が世間の注目を浴び、陣頭指揮をとっていた東電の吉田所長が食道ガンを患って死亡したが、それでもケリがつかなかった。

これだけ長いと、もしやという気持ちになったのは確かだった。しかし世の中、そんな甘いものではなかった。

労災認定をもとめる書類を提出して三年近くたった、平成二十四年（二〇一二）九月二十七日、磐田労基署の次長の寄田氏を筆頭に、労災課の課長、係長の三人が御前崎市の僕の住まいまで訪ねてきて、不支給の決定書を手渡されたのだった。


五十三ページにも及ぶ不支給の決定書を見てもっとも気になったのは、「胃ガン・結腸ガンを含む全固形ガンを対象とした調査報告では、被ばく線量について、最も低い被ばく線量としては、一〇〇ミリシーベルト以上から統計的に有意なリスクの上昇が認めるとされていた」としている点である。

労災認定に、人体が浴びても大丈夫だろうという安全基準の「しきい値」を設けるのは仕方ないとしても、肝心のしきい値は五〇ミリシーベルトが基準になっていたはずなのに、ここでは一〇〇ミリシーベルト以上とされている。

しきい値とは、これ以上放射線を浴びると発ガンする危険性があり、これ以下の放射線量ならまず病を得る心配はないだろうとする境界のことである。

浴びた線量の合計値が低いので認められないとされているけれども、過去にガンや白血病で労災認定された作業員の十名のうち九名は、累積被ばく線量が一〇〇ミリシーベルト以下であり、もっとも少ない作業員はわずか五ミリシーベルトだった。つまり、たった五ミリシーベルトでも、ガンを発症しうる数値であると国が認めたことになる。

決定書には、平成二十二年（二〇一〇）六月二十三日、三人の元同僚から聞き取り調査を実施したと記されている。A氏、B氏、C氏とだけで本名は記入されていない。しかし、その三名が誰なのかすぐに特定することができた。

信じがたいことだがこの三名のうち、我々の職場である「雑固体廃棄物管理課」でアスベストの処理作業をしていたことを認めたのはわずかに一人だけで、あとの二人は廃棄物の中にアスベストは含まれていなかったと証言している。

扱っていたことを認めた元同僚も、「手をつけないで、新しいビニール袋に入れて外に出すようにしていた」と述べている。これは、アスベストの取り扱いが中止になってから手がけるようになった作業のことである。

この三名、特に二名は、アスベスト作業に従事していたときのことを記憶喪失しているのだろうか。ダニに刺されたようにかゆくて堪《たま》らなかった作業のことを、すっかり忘れてしまったのだろうか。そうではない。現場で我々を指揮監督する立場のテクノ中部から、アスベスト作業のことには触れないようにと口封じされたのだ。つまり元同僚に対する聞き取り調査には、上の者の意図が含まれていることになる。

長年の船乗り稼業のあと、陸に上がって浜岡原発で二十年近く勤務し、不運にも肺ガンをわずらって逝った元同僚のHさんは、亡くなるほんの二、三ヵ月前だろうと思う。

「私は仕事と肺ガンは関係ないと思う。私が仕事でなったとしたら、他のみんながガンになると思う」と決定書の中で述べている。

しかし労災認定の例にあるように、原発労働でわずか五ミリシーベルトの被ばく量で死亡した人もいれば、年間五十ミリシーベルト浴びても病気知らずの者もいるのである。ガン発症は確率的なものであり、放射線の影響には個人差があるということは、彼の念頭にはなかったのだろう。電力会社の者が聞いたら、手を叩いて大喜びするような回答である。

聞き取り調査にA氏として参加した人物は、「美粧工芸に勤務している従業員や退職した人がガンを発症した人がいるという話を聞いたことがない」と語っていた。が、聞き取り調査にB氏として意見を述べた古参従業員のHさんは、平成二十年に藤枝の病院で肺ガンの手術を受けている。この聞き取り調査が実施される二年前のことである。彼は従業員ではなかったというのだろうか。A氏とは、美粧工芸の玉川所長のことである。それから、C氏とは、前所長の高橋氏のことである。

この決定書を受け取ったあと、数日後に不服申し立ての審査請求をおこなった。こんどはやけに早かった。聞き取り調査のために一度磐田の労基署に足を運んだあと、一ヵ月もしないうちに審査請求を棄却する内容の通知書が舞い込んだのである。

「胃ガン、結腸ガンなんかで労災請求書を提出したのは、あんたが初めてだ」

労基署に赴いたとき、静岡労働者災害補償保険審査官のS氏からあきれ顔で言われた。彼のような人間には、労働者の痛みといったものは永久に理解できないだろう、と会って話をしたときに痛感した。

労働者が労災請求しないのは基準が厳しすぎるからである。だから、どうせ申請しても却下されるだろうと諦め、多くの人が泣き寝入りしているのが実情なのである。

それに電力会社にとって、放射能漏れ事故以上に神経を尖らせているのが労働者の被ばく問題。だから、ガンや白血病などで労災問題が発生したときには下請け業者に圧力をかけ、請求者に対して激しくゆさぶりをかける。元同僚たちの陳腐な発言も圧力をかけた結果であり、偽りの証言に翻弄されることも念頭に置いておかなければいけない。

いずれは、たやすく労災認定される時代がくるのだろう。でも、いまは無理である。悔しいけれど、もともと勝算のない闘いを挑んだのだから、ここらで鉾《ほこ》をおさめようかと考えている。裁判という気持ちも捨て切れていないのだが……。

第三章
浜岡原発がこっぱ微塵になってもらっては困る

低い山の頂や中腹に、巨大鉄塔がマラソンランナーのように連なっている。

独身寮にじゃぱゆきさんを連れ込んだアトックス社員

ドラム缶を腐食させる性質を持っているようだと判断されてからは、それまでごく普通に投入していた耐熱レンガやコンクリート片などは粉々に砕くようになった。そのため、放射性物質と化した粉じんが視界不良になるほど作業場には立ち込めていた。

この粉じん作業に対して、作業員のあいだから連日のように不快を訴える声や怒りの声が上がったが、テクノ中部の監督たちが耳を傾けることはなかった。

ところがある日、いきなり中止の命令が出たのである。

中止の理由とは、アスベスト作業のときのように犠牲者が出たわけではない。それに監督の判断でもなかった。テクノ中部の安全担当者がパトロールに訪れたとき、作業員が管理区域内で埃まみれになって働いているのを目撃してびっくり仰天したらしい。そして、この危険作業を所長に報告したことが中止につながったようだと、娘さんがテクノ中部に勤務している同僚が教えてくれた。

それからは、レンガやコンクリート片は固形のままビニール袋に入れたり、あるいはむき出しのままドラム缶の中央に収めるようになった。それでドラム缶が腐食するなどの問題が発生することはいっさいなかったのだから、最初からこの方法を採用すればよかったのである。愚かな監督のもとで働く労働者ほど哀れな存在はない。

平成十五年（二〇〇三）の夏の真っ盛り、郷里の岡山県倉敷市を発って御前崎に到着した日から半月余り、新野川のほとりに建つ「長五郎」というきわめて居心地のいい民宿に滞在していた。ところが、現場に入れるようになった直後に会社の指示で民宿を出て、五百メートルほど北側に位置しているアトックスの寮に移ることになった。

寮は木造二階建てで、六畳一間のエアコン付きの部屋が二十室。すべて個室である。空室が二階と一階に一室ずつしかなかったので、工藤が二階の部屋に入り、僕は一階に住むことになった。寮の住人は、アトックスの社員と下請けの者が半々といったところで、美粧工芸の従業員は我々の他に、もうすぐ五十歳になる独身者の玉川所長が住んでいる。

アトックス寮を管理している寮長は地元のお年寄りで、寮住まいの者たちの朝食は寮長が準備し、昼過ぎには彼の奥さんもやってきて、夕食は夫婦で仲良くつくっている。

食堂の右隣は二十畳ほどの広さの娯楽室。入口付近には応接セットが寛げる空間をつくっていて、その傍らの本棚には、以前の所長がゴルフ大会で入賞したときの記念カップや、大会のときの写真などが飾られている。入賞したときに活躍したのだろうか、奥のほうに山積みにされている私物の中にゴルフバッグの姿も見える。

壁には「原子力の日」のポスターの美女がにっこり微笑み、彼女の視線の先には、椅子付きの全自動の麻雀卓がデーンと鎮座している。埃っぽく、物置のように雑然とした娯楽室の中央で燦然と輝きを放っている。

吝嗇《ケチ》なアトックスがよくも買い揃えたものだと感心するぐらい立派な麻雀卓であり、ウィークエンドには寮生活者の他にも、自宅から通勤している者や定年間近の中電社員などが集合して、夜十時過ぎまでパイをかき混ぜる耳障りな音や、化鳥《けちょう》の鳴き声のようなけたたましい高笑いを響かせている。

僕自身、昔は徹夜も辞さないほど打ち込んでいた時期があった。でも、長くやっていないこともあって以前ほどの興味を失ってしまい、それにメンバーが決まっていたようなので、仲間に加わることは一度もなかった。

全員が若い独身者である寮住いのアトックスの社員たちは、休日には自慢の愛車を走らせたり、それにサーフィンに熱中している者も何名かいた。

サーフィンはどこでやっているのか聞くと、掛川市の大浜海岸や大須賀海岸、それに磐田のほうまで足を伸ばしていると答えていた。市内にはロングビーチというサーフィンやウインドサーフィンの世界大会が開催されるような絶好の浜辺がある。しかし、原発で働いている彼らは放射能の恐ろしさを充分すぎるほどよく知っているので、さすがに浜岡原発周辺の海でサーフィンを楽しむ気にはなれないのだろう。

週二日もある休日の日、下請けの者たちは何をして過ごしているかというと、アトックスの社員と違って年配者が多いこともあって、気の合う仲間たちが集まって飲んでいることが多い。僕も隣室の住人に誘われ、彼の部屋で他の下請け会社に所属している者数名とともに、朝から酒盛りをしたことがあった。

単純作業の労働者にとっては、やはり飲むことがストレス解消にもっとも効果的ということになる。しかし、そのときには楽しい話や有意義な話題は飛び出さず、飲みながら語られたのは労働者の業ともいうべきギャンブルの話だった。その話題が尽きると、職場の人間関係や給料が安すぎるといった愚痴っぽい話が場を賑わした。

働けなくなったあとの生活の不安を延々と語っている者もいたが、愚痴を聞きながら飲むのはあまり愉快なものではない。それにアルコール類をなるべく控えたいと考えていた僕は、二度ほど参加しただけで、飲み会の席にはいっさい顔を出さなくなった。

その代わり、寮に住んでいるアトックスの若い社員から安く譲ってもらったのをきっかけに、パソコンにのめり込んでいくことになる。

初めてのパソコンだったので手探りの状態だったが、グッドタイミングでちょうどその頃、新野川の橋のたもとに「あっとほ〜む」というパソコン教室が開店したばかりだった。寮から徒歩で四、五分というアクセスのよさだったので、入会してからは週五日のローテーションで仕事後に通うようになり、操作の仕方といった基本的なことや、ホームページのつくり方を学んだ。


僕が暮らしていた頃の寮には、極端にモラルが欠如したような者はいなかったように記憶している。しかしながら入居する以前は、酔うと包丁を振り回して大暴れするような厄介な鼻つまみ者や、その他には、スナックで働くじゃぱゆきさんを独身寮に連れ込んだアトックスの若い社員が住んでいたのだという。

男女ともに正体を失うほどへべれけに酔っ払っていたので、寮中に嬌声を響かせ、おまけに深夜、仲良く入浴していたという話が伝わっている。

寮はトイレも風呂も共同で、風呂場は旅館のようにゆったりしている。でも、小さな浴槽が二つあるだけなので、寮の住人たちは自分で湯を溜めて入浴していた。ボイラーに熱湯さえ入っていれば、二十四時間いつ利用してもいいことになっている。

型破りなアトックスの若手社員がホテル代を浮かせるために寮に連れ込んだじゃぱゆきさんのことだが、以前は外国人女性を置いているパブやスナックが原発周辺には二十軒以上営業していて、どの店も繁盛していたと聞いている。しかし、僕が働き出した頃には5号機の建設中だったにもかかわらず、そのような店は十軒程度にまで減少していた。

職場の先輩たちがにやけた表情で教えてくれたところでは、退社時刻になると露出度の高いミニスカートや、ドレス姿のじゃぱゆきさんが浜岡原発の正門前にゴージャスな花々のようにズラーッと並び、帰宅中の作業員や定検工事などで遠方から出稼ぎにきている労働者を狙って、盛んに黄色い声を張り上げていたのだという。

艶《なまめ》かしい声で同伴の約束を取りつけたり、セミヌード写真の掲載されたパンフレットを配って店にくるように熱心に誘っていたのは、その大半がフィリピン女性だったようだが、ブラジルや北欧出身の女性もわずかながら混じっていたらしい。

出稼ぎ外国人女性が勢ぞろいしての、目が釘付けになってしまうような魅力的な光景も、あまりにも下品で見苦しいということで中電の命令によって追い払われてしまい、いまではときおりゲリラ的に出没しているだけである。

「安いですよ。ぜひ一度、遊びにいらっしゃいませ!」

頭のてっぺんから発声しているような甲高い片言の日本語を張り上げ、ドレス姿でパンフレットを配っているフィリピン女性を、僕も何度か見かけたことがあった。でも、たった二、三名が恥ずかしそうに立っているだけなので、魅力的な風物詩というよりも、むしろ胸をチクリと針で刺されたような痛ましさを感じたものだった。

「あれは、この近くにある『ペガサス』の女の子たちズラ」

何度か通った覚えがあるのだろう。ある日の夕暮れ時のこと、正門を出たところでギンギラギンの衣装をまとった女の子たちの姿を目にしたとたん、マイクロバスの後のほうに座っている同僚が車内に響き渡る大声で叫んだことがあった。

店の経営者から命じられ、開店前にカモを捜しにきているのだろう。浅黒い肌を隠すように厚化粧の女の子たちは、車や徒歩で帰宅している人々に誘いの声をかけている。だが労働者たちは一瞥したあとあてそっぽを向いたり、苦笑いを浮かべているだけで場所柄、彼女たちにひやかしの声さえ発する者はいなかった。

全国の原発の中でも僕が知っている限り、スナックやパブの女の子が正門前にセクシーな格好で立ち、媚を売るなんてことができるのはここだけである。それだけ浜岡原発が住民の生活エリアに、きわめて接近していることを意味している。

タイに住む家族への送金

寮に入居してもっとも悩まされたのが食事代のことだった。民宿に滞在しているときには宿泊費も食事代もすべて無料で、土日の休日には一日千二百円の食事代が支給されていた。ところが元請け会社の寮に移ったとたん、それらの特典はすべて消滅し、食事代の支払いを命じられるようになった。

おまけに、毎月四万円の寮費まで取られそうな雲行きだったが、友人の田崎が会社に強く抗議してくれたおかげで、寮費だけはなんとか免除された。けれども、徐々に待遇が悪くなることによって、大いに先行きの不安を感じるようになった。と言うのも、僕が三十代の頃にプラント建設や定検工事で各地を巡っていたときには、一度も食事代や宿泊費を支払った覚えがなかった。すべて会社持ちだったのである。

原発労働者は、「アゴ」「アシ」「ドヤ」付きと昔から相場が決まっている。「アゴ」とは食事のことであり、「アシ」とは現場への送迎を指している。そして「ドヤ」とは、宿を引っくり返した符牒《ふちょう》で、寮や民宿での宿泊を意味している。つまり、これらすべてが無料だったのである。

食事代の支出で頭を悩ませていたのは、やはり妻子への送金のためだった。

説明が遅れたが僕の妻はタイ人である。僕は平成二年（一九九〇）から通算八年間ほどタイの北部地方に滞在し、山岳トレッキングガイドをしたり、世界的に有名なチェンマイのナイトバザールで、アカ族やリス族など山岳民族のグッズを販売して生活していた。チェンマイ市内に小さな店舗を構えて商売しているときにいまの妻と知り合い、結婚の約一年後に懇願されて日本に移り住んだ。

郷里の岡山県倉敷市で暮らすようになり、僕はその頃開園したばかりのテーマパーク「倉敷チボリ公園」で働くようになった。チボリで働いている六年間のあいだに子供が二人誕生し、職を失って僕が職業訓練校に通っているときに、妻子は妻の実家のある北部タイのランパーンに生活の拠点を移した。

結婚直後に妻の実家の敷地内に住居を新築したのだが、四歳になる長女を町の幼稚園に通わせるため、失業中の身の上という不安定な状態ながらランパーン市郊外のニュータウンに土地を購入し、家を建てた。

妻の郷里は国立公園内という特殊な地域なので、豊かな自然の中でのんびりと暮らすには文句なしに素晴らしい生活環境だった。でも、あまりにも過疎地すぎ、子供の教育を考えるといつまでも住みつづけるには問題がありすぎた。

家の購入費は日本円で約四百万円。そのうちの半分を貯金で支払い、残りの二百万円はバンコク銀行のローンを組むことになった。三年間で完済すると宣言したのだが、行員から住宅ローンは短くても五年だと説明され、五年ローンを組んだ。

残業がほとんどなかったので、月々の給料は三十万円弱。そこから国保料とか所得税を支払い、タイの妻子のもとには毎月十五万円から十八万円送金していた。そのため日々の生活の中で、切り詰められるものはすべて切り詰めるしかなかった。

僕は、若い頃と違ってギャンブルに対する情熱や興味をすっかり失っていたし、御前崎に移動してからはタバコをやめ、アルコール類も極力口にしないようにしていた。そうなると、他に切り詰められるものは食費しかなかった。

寮での食事代は朝食が三百円で夕食が六百円。それに、会社で食べる昼食は二百九十円の仕出し弁当だった。昼食の弁当は仕方ないとしても、朝夕の食事代を節約するために、寮に入居して半年目に寮長に断って食事をストップしてもらい、自炊生活をはじめたのだった。

高齢の寮長は気難しい性格だと噂されていたが、寮に入居したばかりの頃、玄関脇のモッコクが鬱陶しい状態になっていたので、休日に三時間ほどかけて剪定《せんてい》したことがあった。そのせいだろう、意外にあっさりと自炊を認めてくれた。僕はチボリ公園で植物管理の仕事を担当していたので、樹木の剪定は、お手のものだった。それに愛用の剪定バサミを、役に立つことがあるだろうと考え持ってきていたのである。

自炊生活に突入するとさらに倹約を考えるようになり、いまは潰れてしまったが新野川沿いの道を少し上流に向かうと、川のほとりに食彩市場「夢タウン」という小さなスーパーマーケットがあって、嬉しいことに夕方六時を過ぎるとコロッケや唐揚げなどの揚げ物や玉子焼き、肉じゃがなどの惣菜類がほぼ半額になった。

仕事から解放されて寮に戻ると、その半額の惣菜類をもとめて、アトックス寮に住むようになった直後に足代わりに購入した自転車を走らせていた。

フィリピン女性

食彩市場「夢タウン」や、御前崎市民の台所であるイオンタウンの「マックスバリュー」に、休日の昼間や平日の夕方頃に出かけると、フィリピン女性が夫や恋人らしき日本人男性と買物にきている姿をたびたび目にする。

テクノ中部やアトックスの社員、それに下請け作業員の中にもフィリピン女性と結ばれた果報者が何名かいて、彼女たちの存在は原発の町の地域社会にしっかりと根を下ろしているように感じた。

原発労働者なんて海底で揺れている海草か、泡沫のように儚い存在だから、渡り鳥のような不安定な生き方をしているチャーミングな異国の女性に惹かれる気持ちは、とてもよく理解できる。だが、順調に口説き落とせたケースばかりではないようである。

「私の借金を肩代わりしてくれたら、死ぬまであなたと一緒に暮らせるのに」

5号機で働いている、被ばく人生の悲哀を一身に担ったような陰気な顔つきをした四十男は、二十歳そこそこのフィリピーナに店内で色気たっぷりに囁かれて有頂天になり、サラ金の世話にまでなって年収に相当する大金を渡して念願の同棲生活に突入した。しかし、「死ぬまで」は虚言だった。わずか数日後にドロンされてしまったのだ。

「そんな女じゃないと、いまでも俺は信じている」

逃げられたあとも未練たっぷりで、彼女が再び自分の懐に戻ってくる奇跡を待ちわびている。でも、その女性が彼のもとに戻ってくることは絶対にないだろう。

それに独身と言われて結婚するつもりで口説き落としたら、いきなり子供が三人も現われ、おまけに女には年老いた日本人の夫までいたという間抜けな話も耳にしている。

これも、同棲を承諾したので金を渡したら逃げられたという話と同じで、信じた男が悪いということになるのだろう。虚言は、夜の世界で生きている女性にとってはドレスや化粧品と同じように大切な商売道具であり、そのことは日本人であろうが海外からの出稼ぎ女性であろうがなんら変わらない。

浜岡原発の立地する御前崎市には、飲み屋やスナックが町の中心部をつらぬく通称「市役所通り」や、その周辺で控えめにネオンをきらめかせている。その中にはフィリピンパブや、ブラジルなどの南米系の女性が働いているスナックが何軒かあって、とても面白いという話を耳にしていた。

特にフィリピン女性にはチャーミングな者が多く、概してスリムでスタイルは抜群。イオンタウンや激安衣料品店「しまむら」などで彼女たちの姿を見かけるたびに、東南アジア系の女性を充分すぎるほど知っているつもりの僕にとっても、フィリピン女性は不思議なほど美人が多いと感心したものだった。

「女の子に聞いたところでは、彼女たちが来日できるのはきわめて狭き門なんだってよ。向こうでオーディションというものがあり、彼女たちは商品だから選別される。まず顔、つぎにスタイル。ふるいにかけられ、厳選された小数のラッキーな女だけが、憧れの日本の土を踏めるということらしいんだ」

熱のこもった口調で教えてくれたのは、原発のある町で暮らすようになって十年余りという3号機内のランドリーで働いている派遣労働者。五十に手が届く年齢なのにまだ独身だから、フィリピン女性に入れ揚げる情熱は尋常ではない。

「だから可愛い子が多いんだが、特にフィリピーナのあの蕩《とろ》けるような笑顔、あの笑顔に日本の男はコロリと参ってしまうようなんだ」

他人事のように語っているが、彼女らの笑顔にコロリと悩殺されたのは、間違いなく彼自身だった。

「ピーナの多くは芸能人ビザで来日している。そして、彼女たちが日本に乗り込むときには、すでに飛行機代や斡旋料などで二百五十万から三百万円程度の借金を背負っている。だから体を売らなければ返せない仕組みになっているので、パブやスナックで働いているといっても売春しない者はいないし、この国にやってくると決まったときから、彼女たちの覚悟はできているみたいだ」

ランドリー係の話によると、たとえ一見の客であっても金さえ払えば店の営業中でも連れ出せ、ホテルに同行するらしい。

浜岡原発の西側を流れている新野川の河口付近には、見るからに安っぽいラブホテルが二、三軒、ドロ亀の多い濁った川面に欲情をそそるネオンを映している。

数軒の店に、何人かの馴染みのフィリピン女性がいるという彼は、落ち窪んだ目の奥に神経質そうな光を宿らせ、女性の話題のときにはとりわけ饒舌になる口元から銃弾のように唾を飛ばして、「こんど一緒に遊びにいかないか。いい子を紹介するよ」とくり返し僕を誘っていた。

しかし、とても魅力的な物語を魔法のように耳元に吹きかけられたあとも、男心を誘う派手なネオンの誘惑にそわそわすることはなかった。

僕自身はけっして女遊びは嫌いではなく、少なくとも普通の男性並みの欲望は持っている。だが、心の通わない排泄行為だけで喜ぶ年齢でもないし、やはり遠くで暮らしている妻子のことを考えると、そのような場所に足を運べなくなってしまう。それにタコが自分の手足を食べるように、放射能をたっぷり浴びて得た貴重な金を浪費するわけにはいかなかった。

原発労働者の朝はギャンブルの話題ではじまる

仕事に行く日は、いつも六時頃に起床していた。洗顔と歯磨きをすませると、自炊しているので室内で食事をとる。だいたい毎朝同じメニューで、食パンにバターをつけて食べていた。

食パンを齧《かじ》りながらパソコンをすることが習慣になっていて、七時になれば壁に吊るしている淡いグレーの通勤服に着替え、六畳一間の部屋の三分の一近くを占拠している寝具を二つ折りにして出勤していた。

室内に押入れはあるが布団を片づけることは滅多になく、平日はいつも万年床に近い状態にしていた。「男やもめに蛆がわく」ということわざがあるように、一人暮らしをはじめてから不精にしているのは確かだった。一人暮らしは大変だし、耐えがたい寂しさに襲われることはあっても、家族をこちらに呼び寄せようという考えには結びつかなかった。

北部タイのランパーンに家を新築したばかりということもあるが、それ以上にこちら側に大きな問題があった。原子炉が稼動しているあいだは、中電も認めているように、日常的に排気筒から放射能が放出されているからである。

目に見えないチリ状の放射性降下物は連日、浜岡原発周辺で暮らしている人々の頭上に小雨のように降り注いでいる。微量であり、環境や人体への影響はないと盛んにPRしているが、問題が発生してからでは遅い。

それに、わずかな放射線量だから安全だという理屈には賛同できない。電力会社がたびたび口にしている許容量とは、けっしてガンなどを発症しない数値ではないということを肝に銘じておかなければいけない。

それを証明するように、このあたりの甲状腺ガンの発症率は他の地域、たとえば西に三十八キロほど離れた浜松市と比較すると、八倍から十倍も高いと言われている。それに数キロ風下の地区では、十代の子供を含めた何名かが白血病に侵されているという話も耳にしていた。そんな危険な町でわが子を育てるわけにはいかない。

成人よりも、胎児や成長期の子供のほうがはるかに細胞分裂が活発だから、当然影響を受けやすい。つまり子供の肉体は放射能に対して何倍も敏感だから、ガンや白血病を発症する危険性が高くなるのである。幼児や小学生の姿を見かけるたびに、この町の大人の思考回路はどうなっているのだろうか。子供のことを真剣に考えていないのでは、と首を傾けるしかなかった。

広々とした寮の駐車場には、寮住まいの人々の車の他にマイクロバスが十台近く駐車している。毎朝、アトックスの社員や下請け作業員の大半がここに集合し、乗り換えるためである。

浜岡原発の敷地は過密状態で駐車スペースが限られているため、アトックスでは一部の幹部社員しか車を乗り入れることができず、下請け業者も一社に付き二台までと決められていた。美粧工芸では、従業員送迎用のマイクロバスの他のもう一台分のスペースは、掛川から通勤している前所長の高橋氏が利用している。

原発の北側にある大駐車場に停めても問題なかったが、正門まで坂道を十分間ほどの徒歩になる。さらに正門から労働者棟まで歩かねばならず、それが億劫《おっくう》なために毎朝、自宅から通勤している者の大半は寮に集まっているのだった。

安全靴をはいて寮の玄関を出ると、美粧工芸の八人乗りマイクロバスに乗り込む。まっ先に耳にするのは、間違っても仕事の話などではなかった。朝っぱらから仕事の話を聞かされるのも勘弁してもらいたいものだが、それ以上に嫌な話題で車内は盛り上がっているのだ。ギャンブルの話題である。

パチンコの話が多く、砂利みたいなだみ声を張り上げて、前日大勝ちした、いくら負けたという実にくだらないオシャベリに、僕は会社を辞めるまで悩まされつづけた。まるで罪なくして拷問を受けているようなものだった。

朝一番のなんともやり切れないギャンブルの話題は、曜日によって微妙に変化した。金曜日の朝には、毎週木曜日の夕方に発表される「ロト6」の話題が主流になる。一等の最高賞金は二億円らしく、数名が毎週買っているのだという。夢を見るのは自由だが、一等どころか二等三等にも縁がなく、四等の一万円前後の賞金を同僚の誰かが当てたという話を、五年間のあいだに三度ほど耳にしただけである。

そして休日明けの月曜日の朝は、パチンコに加えて飲み屋の話題に花が咲く。労働者同士の会話とは所詮、その程度のものだとわかっていても、聞いているだけで相当に苦痛だった。

原発と共存する町

原発に向かうコースは、給油の日以外はいつも決まっていた。寮を出て二、三分ほどで「浜岡自動車学校」に差し掛かる。雨垂橋《うたり》を渡ると、土手の緑が鮮やかな新野川のほとりを走り出す。雨垂橋の手前は御前崎市の本丸にあたる池新田であり、橋を渡ると佐倉になる。中電の浜岡原発は佐倉地区の海寄り、地元の人々がスカと呼んでいる砂丘に築かれている。

やがて左にカーブを描いて新野川沿いを離れると、送電鉄塔の数が急激に多くなる。南アルプスへとつづく低い山並みの頂や中腹に威圧するように聳え、ときおり送電線は「ジジッ」という無気味な唸り声を発している。浜岡原発で誕生したばかりの電力が、名古屋や静岡などの巨大消費地に送られているのである。

青ガラスのように美しく澄み切った空を背景に、送電線は山と山を結び、我々を乗せたマイクロバスはその下を通過した。御前崎は風と砂の町である。特に冬場には強風が吹き荒れるため、沿道には屋敷森と呼ばれている丈の高い生垣で敷地を囲っている民家が数多く見られる。

民家と民家の隙間に、5号機の協力金で建設された朱色の大鳥居が見え隠れしている。朝の通勤時間帯だが交通量は多いほうではない。車はスムーズに流れている。

切り通しを越えて、最初の信号機を右に曲がると正門通りである。この正門通りは原発建設のときに整備されたらしく、長さがわずか五百メートルほどしかない。菊川や掛川方面に住んでいる通勤者は、この道路を利用している。

低い山を切り崩して築かれた道路はすべて坂道になっていて、土地の人が「富士見坂」と呼んでいるように、特に真冬の晴れ渡った朝など一瞬だが、高台を通過するときに雪を頂いた秀麗な富士山を望むことができる。

正門通り周辺には、1号機の建設当時から営業しているという「美和荘」や「丸山」、それに張りぼての牛のオブジェが出迎えてくれる「ロッジ浜岡」などの古びた木造二階建ての民宿や下請け会社の寮が点在し、防風林に身をひそめるようにして中電の社宅が何棟か建っている。総合所長など、名古屋からきた幹部社員もここに住んでいる。

急坂を下っていると、正面に浜岡原発が見えてきた。敷地内の松林の向こう側には、濃紺の遠州灘がガラスの粉を撒き散らしたようにキラキラ輝いている。

文部科学省が作成した「原子炉立地審査指針」よると、「原子炉からある距離の範囲内は非居住区域であること。非居住区域の外側の地帯は、低人口地帯であること」となっているように、原発は人里離れた地域に建設することが法律で定められている。

しかし、浜岡原発の立地場所はけっして人里離れた低人口地帯ではない。人口三万余の御前崎市の中心部は目と鼻の先であり、市役所まで直線にして一・五キロほどしか離れていない。それに、買物客でにぎわう「イオンタウン」や「カインズホーム」などの大型商業施設は、異常ではないかと思えるほどの近距離に位置していて、町ぐるみ原発と共存しているように見える。

国道一五〇号線を横切り、アプローチの桜並木を少し進むと正門の小さな建物が見えてくる。原子力館は右側に位置していて、本館の白い建物に覆いかぶさるようにして聳える展望台がどうしても人目を引く。

正門の手前で停止すると、建物の傍らに立っている守衛に対して、運転手を含めた全員がマイクロバスの窓越しに顔写真入りの入門証を示す。

国道から門に至るまでの二百メートルほどを並木道にし、おまけにS字型にして内部を見えにくく工夫しているわりに、一般の工場と比較してもとりわけ警戒が厳重というわけではない。それに、高齢の守衛たちは能率よく捌《さば》くのが仕事と心得ているらしく、いつも顔写真をざっと眺めただけで構内への乗り入れを許可してくれた。

五階建ての労働者棟のエントランスでマイクロバスから降りる。下請け会社は、すべてこの煤けた建物の中に詰め込まれている。アトックス事務所のある四階までエレベーターで向かい、詰所で日報に出勤時刻を記入すると、そのあと現場に向かうまで一時間近く暇ということになる。

詰所では喫煙が禁じられているため、タバコ愛好者は一階か五階にある喫煙室に向かい、朝食をとっていない者は、この時間帯に一階にある協力会社用の食堂に行くことになる。食堂は早朝から営業している。

昼食はアトックスや他の下請け会社同様、美粧工芸の従業員たちも外部から仕出し弁当を取っている。しかし弁当をやめて、ここで食事をすることも可能だった。朝食のメニューは限られているが、昼食は日替わり定食、カツ定食、ホルモン定食、ラーメンやうどんなどと種類は豊富であり、一食四百五十円程度で食べることができる。

チェック・ポイント

八時二十分になると、アトックス事務所からボリュームをいっぱいに上げたラジオ体操の音楽が、労働者たちの弛緩《しかん》した精神に活を入れるように軽快に流れてくる。ラジオ体操のあとは朝礼である。それが終わると、詰所に戻って美粧工芸のミーティングがはじまる。

しかし、我々の作業現場は2号機地下での廃棄物の仕分け作業と決まっていたので打ち合わせなどはなく、たとえば季節が冬だと、「今日はいちだんと寒さが厳しいので、風邪など引かないように注意してください」といった感じの玉川所長の話があり、「今日も一日ご安全に！」と全員で唱和して終了する。

費やす時間は十五秒から二十秒といったところである。そのあとヘルメットをかぶり、ＩＤカードを握って労働者棟を出ると、歩行者用通路をたどって2号機に向かう。

沸騰水型軽水炉

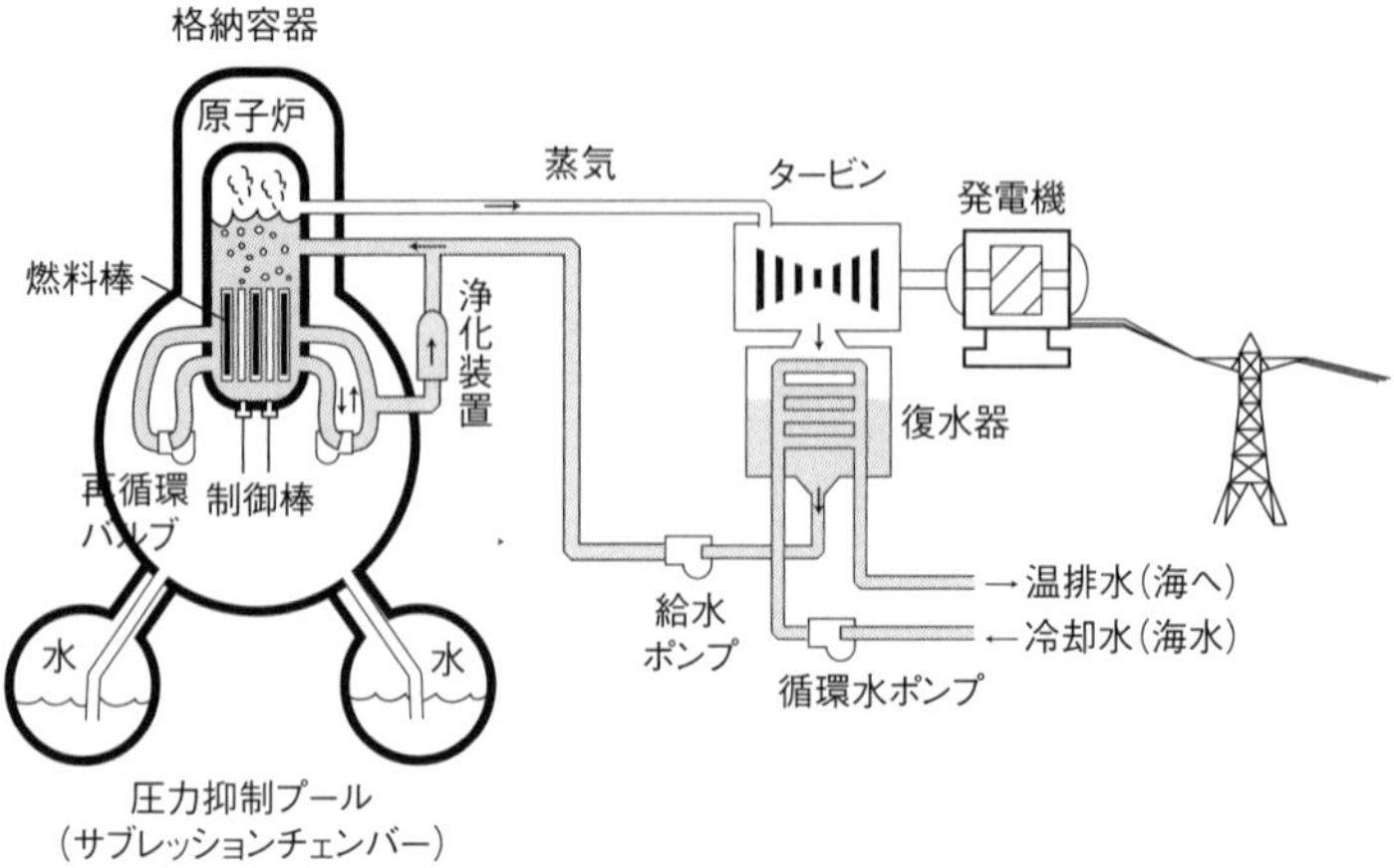

1号機から5号機の建屋が建ち並ぶエリア入口にはチェック・ポイントが設けられていて、その傍らには監視員が立っている。右手の指を大きく開いて掌紋を読み取らせ、機械が浜岡原発の作業員に間違いないと認識すると、ゲートが開いて防護区域内への侵入が可能となる。

浜岡原発は、平成二十三年（二〇一一）三月十一日、未曾有の原発震災を引き起こした福島第一原発と同じ型の沸騰水型原子炉（ＢＷＲ）を採用している。

沸騰水型原子炉とは、原子炉容器内で水を沸騰させることによって蒸気を発生させ、その蒸気で直接タービンを回転させる形式の原子炉である。単純な構造ということもあってコストを安く抑えることができるが、原子炉の水を直接沸騰させるので蒸気は放射能を帯びており、当然、タービン設備まで汚染することになる。

東京電力、中部電力、東北電力、北陸電力、お

よび中国電力がこのタイプの原子炉を採用している。

それから、関西電力などが導入している加圧水型原子炉（ＰＷＲ）とは、原子炉を循環する一次冷却水に高い圧力をかけて沸騰を抑え、高温水を蒸気発生器と呼ばれている熱交換器に送り、二次冷却水に熱を加えて蒸気を発生させてタービンを回転させる仕組みの原子炉である。

関西電力の他には、北海道電力、四国電力、九州電力がこのタイプの原子炉である。


チェック・ポイントを通過すると、再び歩行者用のアーケードが延々と伸びている。アーケードは定規で引いたみたいに確乎たる直線を描いているが、その向かい側に建っている1号機から5号機までの建屋群は、けっして整然と並んでいるわけではない。

極端に出っ張ったり引っ込んでいたり、あるいは斜めになっていたりと、かなり不規則な建ち方をしている。まっすぐ並んでいない理由は、建屋が断層を避けて建っているからだと言われている。

断層とは、過去の大地震の痕跡である。浜岡原発の敷地内には、少なくとも五本の「Ｈ断層」と呼ばれる断層が海岸線とほぼ平行に走っていて、その中にはタービン建屋の真下を通っているものや、原子炉建屋とタービン建屋のちょうど中間を貫いているものもあるのだという。

原子炉建屋とタービン建屋は無数の配管で結ばれているので、地震が発生して分断された地盤が異なった揺れに見舞われた場合には、いとも簡単に配管の破断事故という結果を招くことになる。

Ｈ断層が活断層かどうか、地質学者のあいだでも意見がわかれているようだが、中電は活断層ではないとはっきり断言している。それに、建屋群が断層を避けて建設されたという説も否定している。

断層を避けているのでなければ、どうして整然と配置しなかったのだろうか。疑問を抱くのは、僕だけではないはずである。それに不規則な並び方をしているだけでなく、国内のすべての原発は海側にタービン建屋が建ち、タービン建屋に守られるようにして内側に原子炉建屋が配置されているのに、ここでは通常とは逆に、原子炉建屋が遠州灘の強風をまともに受けるという変わったポジションになっている。

海側のほうが岩盤が強固だったからと中電は説明しているが、やはり断層を避けたためにこのような敷地レイアウトになったと見るべきだろう。

防護区域内に立ち入ると、目の前の小広場には大型マイクロバスが常時停車していて、満車になりしだい発車している。ここからもっとも遠い5号機まで五百メートル以上の距離がある。だから、5号機が建設中だった頃には主に工事関係者を運び、平成十七年（二〇〇五）一月十八日に営業運転が開始されてからは、常駐作業員を運ぶようになった。

やがて5号機は、営業運転開始から一年半後の平成十八年（二〇〇六）六月十五日、異常振動による金属疲労が原因でタービンの回転翼を損傷する事故が発生し、運転再開まで九ヵ月を要した。羽根の約三分の一に、破損またはひび割れが生じていたのである。事故のわずか二ヵ月前に、運転開始後初めての定検が実施されていたが、タービンの異常を発見することができなかった。見落としていたのだ。

この最初の事故を皮切りにして、浜岡5号機は数々の試練に見舞われることになる。タービンの回転翼損傷のつぎは地震だった。平成二十一年（二〇〇九）八月十一日、御前崎の北東三十五キロ沖の駿河湾を震源とするマグニチュード六・五の「駿河湾地震」が発生したのである。

駿河湾地震

駿河湾地震に見舞われたのは、五年間勤務していた美粧工芸を辞めた一年後のことだった。地震発生時刻である午前五時七分のほんの一、二分前、僕は寮を出た直後から暮らすようになった新野川沿いのアパートの一室で目を覚ましたばかりだった。

何か予感が働いたのだろう、目覚めた時刻はいつもよりも一時間ほど早かった。すでに夜が明けていて、淡い光が窓のカーテンをぼんやりと染めている。

テレビをつけようとして布団から頭をもたげてリモコンを捜しているときに、いきなりしゃくるような横揺れが発生し、徐々に激しくなっていった。

僕は急いで体を起こすと布団の上に胡坐を組み、周囲に目を配りながら地震が沈静するのを待った。まるで波乗りをしているような感じの比較的に大きな揺れだった。でもこれが、常に懸念している東海地震でないことは、地震の規模からすぐに理解できた。

それに、僕が住んでいる木造二階建ての安アパートの壁土がはがれ落ちることも、洋服ダンスや本箱など重心の高い家具が倒れることもなかった。頭上の蛍光灯の傘が埃を撒き散らしながら、円を描くように大きく揺れているのが気になっただけである。

あとで耳にしたところでは、御前崎市内の震度は六弱。地震の揺れは二十秒間に及び、強く揺れたのは約七秒間だった。築三十年余りのボロアパートは、地震の脅威に立派に耐えてくれた。だが、僕の住まいから南へ直線にして七百メートルしか離れていない浜岡原発は大変なことになっていた。特にもっとも新しい5号機が異常な震動に見舞われ、かなりの被害を受けたのだった。

中電の発表によると、1、2号機一〇九ガル、3号機一四七ガル、4号機一六三ガル、5号機四二六ガル、となっている。ガルとは、地震による地盤や建物の揺れの大きさを表し、数値が大きいほど揺れも大きいことを示している。

こうやって数字を眺めると、1、2号機よりも3号機、3号機よりも4号機と、新しい原子炉になるほど激しく揺れているのがよくわかる。そして5号機の数値は、1号機から4号機に比べて二倍から四倍近くと、突出した揺れを記録したのだった。

さらに5号機の四二六ガルという数字には虚偽があったらしく、地震発生から十日もたった八月二十一日になって、「5号機の一階では東西方向の横揺れが四八八ガルを計測」したとして、原子力安全・保安院（現在は原子力規制委員会）に報告している。この数値が間違いないのであれば、耐震強度に問題があって、すでに廃炉が決定している1、2号機の四倍を超える衝撃を5号機は体験したことになる。

「浜岡原発の原子炉建屋は岩盤に直接設置しているので、揺れは地表の半分以下」

東海地震が発生してもけっして大事には至らないと、中電は常日頃から自信たっぷりに宣伝していたのに、5号機は地表以上の震動に見舞われたことになる。

問題の5号機の被害状況は、五十ヵ所から六十ヵ所に及ぶ破損箇所、あるいは機器の故障や不具合が生じたようだという噂が地元では盛んに飛び交っていた。

信憑性に欠ける噂話ではなく、実際の被害はどの程度だったのだろうかと思って、地震の数日後に中電のホームページを検索してみた。すると、「地震発生による浜岡原子力発電所の主なプラント状況」というのがあって、「地震による軽微な事象」とわざわざ断って掲載されているのを開いてみると、5号機の機器破損などの問題箇所は三十三件だったと書かれていた。

それから、1、2号機は十三件であり、3号機は四件、4号機では十六件となっている。今回は、特別大きな揺れに見舞われた5号機に焦点を絞ることにする。

真っ先に、「燃料プール水の放射性物質を測定した結果、放射能濃度が通常値の五十倍程度まで上昇」し、それによって「5号機原子炉建屋五階の燃料交換エリアの放射線モニター指示の一時的な上昇」をまねいたと書かれているのが気になった。

福島第一原発の事故のとき、六基あるうちの1号機、3号機、4号機の屋根が水素爆発によって無残に破壊され、特に4号機では、最上階にある核燃料プールがむき出しになっている凄まじい映像を国民は目撃することになった。原子炉建屋五階の燃料交換エリアとは、まさに使用済み核燃料プールがうずくまっているフロアのことである。

放射能濃度の上昇の理由として、「燃料プールに保管している燃料表面に付着していた鉄サビ等が剥離したことにより、燃料プール水の放射能レベルが上昇し発生したものと推定」と記載されている。

原子炉建屋五階フロアの放射能濃度を上昇させる原因となった鉄サビは、二次系冷却水と呼ばれている海水を循環させる配管内部のものと想像される。鉄サビと言っても、肉眼で捉えられるかどうかといった微小なものである。その微小で多量の鉄サビが冷却水とともに使用済み核燃料プールに入り込んでいて、地震動で攪拌《かくはん》されることによって、核燃料プール周辺の雰囲気を上昇させたというのが真相なのだろう。

それにしても、放射能濃度が通常の五十倍まで上昇しても、中電に言わせると「軽微な事象」なのである。彼らと一般の人々との感覚のズレを意識しないわけにはいかない。

その他には、「原子炉建屋三階（放射線管理区域）燃料プール冷却浄化系ポンプ室の放射線モニター指示の上昇」というのもあって、燃料プールを冷却するためのポンプ室の放射能濃度が上昇したということはわかる。でも、どれほど高い放射線量を記録したのかは記されていない。

それから、「化学分析室の放射能測定装置の固定ボルトの浮き上がり」というのがある。固定ボルトの浮き上がりなどとソフトな表現をしているが、駿河湾地震の数日後に石原茂雄御前崎市長や十五名の市議仲間とともに浜岡原発に立ち入り、被害状況を確認した御前崎市議の清水すみお氏（共産党）から直接聞いた話では、浮き上がりなどではなく、固定ボルトの頭が銃弾のように弾け飛んだのだという。かなり離れた場所で発見されたと聞いている。いかに激しく揺れたのかがよくわかる。

「タービン建屋三階タービンスラフト装置まわりのデッキプレート取り付け用ネジ折損」というのも、同じように金属ネジが折れて弾け飛んだのではないだろうか。

他にも、「タービン建屋の壁のモルタルが一部剥がれ」というのがある。これも実際には剥がれ程度の軽微なものではなく、タービン建屋の壁面にひび割れが発生したのだった。壁面のひび割れは数ヵ所あったと、清水市議は語っていた。

「一ヵ所以外は今回の地震で生じたものではなく、以前からありました」という説明を案内役の中電社員から受けたそうである。しかし清水議員は、「頑丈なはずの原発建屋内の壁が、地震以外の原因で亀裂が走ることがあるのだろうか」と、僕に話しているときも盛んに首を傾けていた。

タービン建屋のみならず、肝心要の原子炉建屋でも、「原子炉建屋二階の仕上げモルタルの剥がれと浮き」というのがある。ここは放射線管理区域だったため、市長や市議たちは立ち入り調査を実施していない。しかし他の例を取り上げてみても、ただの「剥がれと浮き」程度で事象（事故）として報告することはないだろうから、これも壁面に亀裂が走ったものと推察される。

それに、建屋内には大小の配管が無数に張り巡らされている。もっとも心配していた配管の破断事故こそなかったようだが、支持部から離れてぶらぶらしている配管がいくつか見られたとのことだった。これは、「地震による軽微な事象」の中には含まれていない。

「電力会社が原発内の事故を軽く見せようとするのはいつものことだが、今回の地震による5号機の被害はけっして小さなものではなかった」

現場を見て痛切に感じたと、共産党の清水すみお市議は語っていた。

5号機では、この三十三ヵ所の被害の他に、「地震による影響ではない事象」というのが九件あった。その中には、「排気筒における放射性ヨウ素131の検出」というのがあって、これなどはあきらかに今回の地震と無関係ではない。

「燃料プール水の放射能濃度が通常値の五十倍程度まで上昇」したのであわてて排気筒から放出し、大気中から放射性ヨウ素131が検出されたのである。このとき排気筒から、放射性ヨウ素三十万ベクレルが放出された。

それから、地震翌日の『毎日新聞』には、「地震後、5号機原子炉建屋内で約二百五十本ある制御棒のうち約三十本の駆動装置が故障していた」という記事が載っていた。

「中部電力の発表によると」となっていたので、もう一度ホームページの記事を捜してみると、「制御棒駆動機構モーター制御ユニットの故障（制御棒は全挿入済み）」というのを発見した。

『毎日新聞』の記事と違って制御棒は全挿入済みとなっているのは、地震直後は駆動装置が故障して約二百五十本ある制御棒のうち約三十本が正常に作動しなかったか、もしくは脱落したが、いまはすべて挿入できたということなのだろう。

「タービン建屋の東側屋外エリアの地盤沈下」というのもある。東海地震発生時には、御前崎周辺の地盤は大きく隆起するだろうと予想されている。

これらが、約七秒間強く揺れたことによって被《こうむ》った5号機の被害のほぼすべてである。地元では、五十ヵ所から六十ヵ所に及ぶ破損箇所や故障箇所が生じたようだと噂されていたが、それに近い被害を受けていたことになる。

それから5号機では、使用済み核燃料プールの水が溢れたため、人海戦術による除染作業が昼夜兼行でおこなわれたという話がしきりに囁かれていた。しかし除染業務を一手に引き受けているアトックスの従業員に聞くと、そんな事実はなかったと語っていた。

中電が発表したホームページの動画でも、汚染水のうねりが縁すれすれまで達して飛沫はかなり飛び散っていた。それでもプールの外に流れ出ているようには見えなかったので、この話だけはデマだったのだろう。

だがもっと大きな地震。たとえば東海地震のような巨大地震の襲撃を受けた場合には、確実に使用済み核燃料プールから溢れ出る。そして原子炉建屋内は、おぞましい高汚染水で水浸しということになる。

豚小屋よりも軟弱だった5号機

駿河湾地震が発生した平成二十一年（二〇〇九）八月十一日、地元のテレビ局では早朝から地震のニュース一色だった。ぶっ通しで放送していたのだ。

浜岡原発に関する情報を知りたくて、チャンネルを変えたりしてテレビに釘づけになっていた。しかし、すぐに報道に違和感を抱くようになる。

ＪＲ東海道新幹線は東京・名古屋間で始発から運転を見合わせ、現在線路の点検作業が実施されているという報道や、駿府城公園の内堀や外堀の石垣が崩れた話、あるいは東名高速道路の路肩が崩落したというニュースを延々と流しているだけで、いつまでたっても最大の関心事である浜岡原発に触れることはなかった。

報道を故意に避けているように感じた。巨額な広告宣伝費を使ってくれる大スポンサーである中電に配慮しているのだと、すぐにピンときた。他社との競争のない独占企業なのに、その額は年間二百億円以上と言われている。広告宣伝費とは無縁なはずのＮＨＫまで報道を控えたのは、原発を国策とする政府に配慮したのだろうか。

　原発計画が持ち上がったとたん、存在していたはずの活断層が忽然《こつぜん》と姿を消したという話を耳にしたことがあるが、今回は浜岡原発そのものが地球上から消滅したに等しい。国民の知る権利を無視した、あまりにも公正さを欠いた報道姿勢であり、マスコミが骨抜きにされているのがよくわかる。このときのテレビ報道は落第だった。


　たとえ地元のテレビ局が腰砕けになっても、御前崎やその周辺の市町村で暮らしている者にとって、今回の地震と浜岡原発を切り離して考えることは絶対にできなかった。原発が大事故を起こせば、まっ先に被害を受けるのは我々住民だからである。

「つっかい棒でやっと立っとる豚小屋さえも倒りゃせなんだのに、浜岡原発はガタガタになってしもうた」と吐き捨てるようにつぶやいたのは、元浜岡町議の石原顕雄《あきお》さんである。

　豚小屋の柱が腐って傾いたので、丸太で支えていた。それでも崩れなかったそうなのだ。おまけに市内では一軒として家屋が倒壊することはなかったのに、科学技術の粋を集めて造られた原発は、こんな小さな地震で信じられないような弱さを曝け出したのだった。いかなる地震にも耐えられるはずの浜岡原発がおかしなことになっている。

「東海地震が発生したときには、ぜひ浜岡原発に逃げてきてください。浜岡原発は絶対に安全ですから、と中電は以前から自信たっぷりに言うとったが、ほんまに安全なのか信じられんようになったよ」

　御前崎市で暮らしていれば、このような話をいくらでも耳にすることができた。地球上でもっとも危険な原発と、海外の学者や知識人から厳しく指摘されていながら、稼動する原子炉の間近で臆することなく暮らしている楽天的な住民たちも、今回の駿河湾地震を体験してやっと危険を意識しはじめた。

浜岡原発が危険だと非難されている理由の一つに、地盤の問題があった。原子炉建屋など重要な施設は強固な岩盤に支えられているのが原則のはずだが、このあたりには相良層《さがらそう》という砂岩と泥岩のきわめて軟弱な地層しか存在しない。ボロボロと指で簡単に砕けるもろさなのである。

指でたやすく砕けるもろさを自分の目で確認したければ、東日本大震災後に津波対策として築かれた総延長一・六キロ、高さ二十二メートルの防波壁の基礎の土砂が、浜岡原発の東側の海岸付近に数ヵ所にわけて山積みされている。それを目にし手に取ってもらえば、いかに敷地内の地盤が軟弱かわかってもらえるはずである。

ジャーナリストの森薫樹氏は、『原発の町から　東海大地震帯上の浜岡原発』という著書の中で浜岡原発の地盤を、「ダム基礎岩盤の岩質分類基準に照らしても、基礎岩盤として良好とされるA級やB級のクラスに入らず、やや軟岩で基礎岩盤としては不適のC級に分類される」と指摘している。

彼は遠慮気味に「やや軟岩」と表現しているが、僕の目には軟岩と呼べるような岩盤さえ見当たらず、砂と粘土の固まりが転がっているだけである。きわめて劣悪な地盤なのに、国が原子炉の設置許可を出したことに驚くしかない。

2号機の原子炉設計に携わった元エンジニアの谷口雅春氏も、「浜岡の地盤はそもそも岩どころか、握りつぶすことのできる砂利の集まったシャーベットのような状態でした。さらに、大地震による断層や亀裂ばかりでぐちゃぐちゃになっていたんです」と、地盤が軟弱なことをわかりやすい言葉で語っている。

それに、四千億円もの巨費を投じて平成二十八年（二〇一六）三月に完成した防波壁は地盤が弱い上に、七階建てのビルに相当する高さが二十二メートルもあるにもかかわらず、幅はわずか二メートルしかない。おまけに支えもないので壁や塀と言うよりも、まるで屏風を立てているようなものである。だから、津波の威力によってたやすく倒壊するだろうと地元では噂されている。釜石港のスーパー堤防の二の舞になるだろうと考えられているわけである。

聖書のマタイ伝には、「砂の上に家を建てる愚か者」という戒めが記されている。現代の愚か者は砂丘の上に原子炉を築いたのだった。

「浜岡に原発をつくることは、地雷原でダンスを踊るようなものだ」

と警告を発した地震学者がいる。泥岩砂岩の劣悪な地盤に加え、恐ろしいことに浜岡原発は東海地震の震源域の真上に建っているのだから、ぴったりの表現ということになる。地盤の弱い原発が、巨大地震の震源域に建っているのである。これ以上の怪談話はない。

初期の頃には、確かに浜岡原発は地元に大きな利益をもたらした。でも、いまではすっかり迷惑施設になってしまった。国を危うくさせる迷惑施設である。

「原発事故は恐いけんど、電気がのうなったら生活できんようになる」

原発が停止すると、電気が使用できなくなると本気で信じているお年寄りが御前崎にはいる。それは昔、「原発が止まると、冷蔵庫の肉や魚が腐りますよ。それでもいいんですか。夜、トイレにも懐中電灯を持っていくことになりますよ。それでもいいんですか」という荒唐無稽な脅し文句を、いまだに信じている

東側の海岸付近に山積みにされている土砂が、軟弱な地盤であることを証明している。

のである。

「中電が安全だと言うとるんだから、絶対に安全だ！」

御前崎市民の中には、中電がくり返し唱えている安全神話の呪縛に、がんじがらめにされている人間が信じられないほどたくさんいる。

「あんた、よその土地の出身者だろ？　そんなに原発が怖いんなら、この町から出ていったらいいだろ。誰も、あんたに住んでくれと頼んでいないぞ」

顔を真っ赤にして僕を睨みつけたのは、定年間際の中電社員だった。

東海地震は間違いなく襲いかかって来るだろう。その破壊力は、阪神・淡路大震災の十五倍の規模と言われている。駿河湾地震の百倍以上の凄まじさだろうと懸念されているのである。そのとき、ほんとうに浜岡原発は耐えられるのだろうか。特に、完成して四年半しかならない5号機は、予想だにしなかった弱さを露呈したのだが……。

「4号機で最後という地元との約束を反故《ほご》にして5号機は建設されたからね。天罰だよ」

「5号機は安全性よりも、コストを優先させた」

この話は地元でもっとも多く耳にした。それに、活断層の存在を口にする者もいた。

市内には倒壊家屋こそなかったものの軒が傾き、屋根瓦が甚だしく破壊された家屋は多く、それらの住宅が選ばれたようにきれいに一直線に並んでいるので、真下を活断層が走っているのだろうと囁かれていたのである。

「上空から見ると、屋根にブルーシートをかけた家々が緩やかなカーブを描きながら遠州灘に向かい、その延長線上に浜岡5号機があった」

と僕に語ったのは地元テレビ局の記者だった。屋根瓦が破損した住宅には、市の支援によっていち早くブルーシートでの応急処置が施されていた。

浜岡原発がこっぱ微塵になってもらっては困る

マグニチュードが六・五から七・五、つまり一上昇すれば、地震のエネルギーは三十二倍になると言われている。そして二上昇した場合には三十二倍×二ではなく、三十二×三十二となる。このように、マグニチュードが少し増加しただけで地震エネルギーは爆発的に大きくなり、背筋が凍りつくような数字が生み出される。

海抜五メートル前後という低地に築かれた原子炉建屋。軟弱な地盤。東海地震……。駿河湾地震は六・五だったが、東海地震の場合はマグニチュード八から九になるだろうと予想されている。おまけに、風下に位置している首都東京までわずか二百キロしか離れていない。

一原発労働者だった僕には断定的な発言はできないし、慎まなければいけないだろう。だが、一人の人間としてこれだけは言っておきたい。東海地震が襲来し、今回の地震の百倍の揺れが発生したと仮定したなら、単純に考えても浜岡原発の各施設は百倍の衝撃を受けることになる。そのとき1号機から5号機までの各原子炉は、我々の望む姿で建っていないのではないだろうか。

中部電力という一企業がこっぱ微塵になってもかまわないが、浜岡原発がこっぱ微塵になってもらっては困る。ここは原子炉の設置場所としては間違いなく相応しくない。浜岡原発は、あきらかに建ってはいけないところに建っている。電気を起こすだけという目的で運営されている原発で、我々は絶対に滅びたくない。


駿河湾地震からしばらく経過してから中電は、5号機の地下数百メートルに、「低速度層」という揺れを増幅させる地層があったと発表した。低速度層とは中電の造語であり、東海地震が発生したときには隣の4号機にも影響を及ぼすと考えられている。

わざわざ低速度層という造語を用いなくても、「5号機の土地はもともと湿地帯だったので、特に地盤が弱い」と説明するだけで充分なのではないだろうか。古老に聞くと、5号機の建っているあたりには小さな沼や池がいくつもあったのだという。

5号機の真下に揺れを増幅させる爆弾並みに危険な地層が存在することを認めながら、ほとんど対策を講じることなく、「東海地震の耐震安全性は確保される」という報告書を提出して運転再開にもっていこうとした。しかし、地震学者や地質学者などの専門家のメンバーで構成されている原子力安全・保安院の合同ワーキンググループは、安全性に不安があるとして運転再開を認めなかった。

危険すぎる原子炉として、5号機は永遠に封印してくれたらと願っていたのだが、約一年半後の平成二十三年（二〇一一）一月十五日、御前崎市郊外にある新野公民館で「5号機耐震安全性に関する市民説明会」が催され、一転して「駿河湾の地震を踏まえても、東海地震に対する耐震安全性に支障なし」という国と原子力安全・保安院の見解が示され、その十日後の一月二十五日に地元住民たちの怒号と悲鳴の中で5号機は再稼動した。

だが、そのわずか四十日余りのちに、呪われた浜岡5号機は再び停止を余儀なくされた。三月十一日、驚天動地の東日本大震災が発生し、福島第一原発の老朽原子炉四基が、レベル七というチェルノブイリ原発と同レベルの原発震災を引き起こしたのだった。安全だと信じられていた日本の原発は、巨大地震によって簡単に破壊されるものだということを、国民の大多数が知ることになった。

そのあと、「三十年以内に、マグニチュード八程度の想定東海地震が発生する可能性は八十七％」と具体的な数字を示し、事故から二ヵ月近く経過した五月六日、民主党の菅直人首相は中電に対して浜岡原発のすべての原子炉を停止するように要請した。

その要請を受けて、五月十三日に4号機、翌日の十四日には5号機が運転停止した。3号機は定検工事

防波壁工事の様子。向こうに見えるのは５号機建屋。2012 年 5 月 27 日撮影。撮影の約３分後にパトカー登場！

で停止中だったし、1号機と2号機はすでに廃炉が決定していた。

まるで酒乱の野蛮人のように手に負えない5号機は、停止処置によってなんとか眠ってくれたかに見えたが、あきれたことに停止直後にもトラブルを引き起こしたのだった。

原子炉冷却水の温度を百度以下にする作業を進めている最中、「復水器」の水の純度を監視する計器が異常を示した。調べてみると、海水四百トンが復水器内部に流入し、そのうち約五トンが原子炉内に入ったのだ。

復水器とは、タービンを回転させた蒸気を冷やして水に戻す装置である。冷却管は高強度のチタン製を使用しているはずなのに、なぜか破損したのだった。

中電はさっそく、「原子炉に問題なし」というコメントを発表した。しかし、五トンもの海水が原子炉に入って問題ないとはどういうことだろうか。塩分によって原子炉内の金属の腐食が充分に考えられ、腐食が著しいときには廃炉ということになる。

さらに、その二ヵ月後の七月には脱塩水タンクの水漏れ事故を起こし、放射性物質を多量に含んだ汚染水で原子炉建屋地下二階の床が水浸しになった。その結果、夥しい数の作業員が動員され、被ばくしながら床を犬のように這いずり回って除染作業に励んだ。これからも、出力百三十八万キロワットの巨大原子炉は事故を起こしつづけるだろう。

平成二十六年（二〇一四）年二月、中電は問題のある5号機ではなく、4号機の再稼動に向けた安全審査を原子力規制委員会（元原子力安全・保安院）に申請した。4号機は、建設時にコンクリート骨材のデータが捏造《ねつぞう》され、建屋の強度に問題があると言われている。コンクリート骨材とは砂利や砂のことである。

「コンクリートの健全性は確保されている。有害なひび割れは見つかっていない」

中電はこのように弁明しているが、運転開始から二十年余りたち、建屋内の壁などのひび割れがめだつようになったという話を聞いたことがある。

さらに翌年の六月には、3号機の再稼動申請をおこなう。3号機の営業運転開始は昭和六十二年（一九八七）八月だから、三十年を超えた高齢原子炉である。

福島第一原発の四基の老朽原子炉によって日本の国土が汚染され、「もう原発はいらない」と国民の多くが憤り、悲痛な叫び声を発しているときに、同じタイプのロートル原子炉を稼動させようとしているのである。

3号機の再稼動申請のあと、もう一度、駿河湾地震のときの3号機と4号機の被害状況を調べてみようと考え、中電のホームページを開いてみた。ところが、地震直後の記述はいつの間にか大きく変更されていて、3号機の地震被害の件数は地震直後には四件だったのに、いまではたったの一件になっている。

4号機も十六件だったのに七件に変更され、残りの九件は、「地震による影響ではない事象」の中に組み込まれている。それに、事故の状況をさらにわかりにくく、そして被害自体も過小に書き改められている。ネガティブな情報は少しでも隠したいということなのだろう。この姑息さは、いかにも中電らしい。

世界一危険な場所に建つ、浜岡原発の再稼動は阻止しなければいけない。建屋の強度に問題のある4号機がもし再稼動ということになれば、ポンコツ3号機稼動の道筋をつくることになり、そのつぎは5号機ということになるだろう。5号機が動くことになれば、この国は終わりである。亡国である。

放射能に色をつけることができたなら

チェンジング・ルームを出て、通路を右側にいけば1号機で、左に曲がれば2号機ということになる。1号機と2号機は外観的になんら変わるところはないが、内部では大きく変わり、その違いは一目瞭然である。

1号機では一部通路の天井が低く、屈まなければ頭がつかえる箇所もあり、特に階段は太った者へのいじめではないかと感じるほど狭く設計されている。物を持って通行しにくい狭さなので、階段上から放り投げる者が多かったらしく、「ゴミ袋を投げ捨てるべからず」と書かれたステッカーが階段の壁に貼りつけてある。

　コンパクトに造ったのは、廃炉を考慮してだということがよく理解できる。それに比較して、2号機内部は作業員の不満が出ないほど広く設計されている。

　コンクリートの床はピカピカに磨かれていて、消毒液の匂いがほのかに漂っている。それでもなぜか不潔さを感じるのは、ここが原発建屋内という先入観のせいだろう。

　天井には大小のケーブル線が血管のように走っている。壁に配管やゲージ類がむき出しになっている広々とした松の廊下を、2号機方面に向かって少し歩を進めると、原子炉建屋（リアクタービル）の進入口に差しかかる。

　我々の作業現場はタービン建屋内にあるので用のないエリアであり、浜岡原発では幸いなことに一度も立ち入ったことがない。だが、もし原子炉建屋内での作業を命じられた場合には、エアロック（気密扉）を通過することになる。

　まるで銀行の金庫室のような重厚なドアは二重ドアになっていて、内部に入りタービン側のドアを閉めたあと、初めて原子炉側のドアが開く構造になっている。内部は狭いので四、五名も入れば限界であり、ドアが開いているあいだはブザーが鳴りつづける。

　初めてエアロック内に入った者の大半が恐怖心を抱く。原発の心臓部に行くには必ずここを通過しなければいけないのだが、重厚な構造のエアロックを出たあと、どのような危険な現場に連れて行かれるのだろうかという不安と恐れである。そのあげく完全に怖気づいてしまい、原子炉建屋に入る直前になってU

ターンし、そのまま辞めてしまった新人は相当数に上ると聞いている。

原子炉建屋には、あたり前のことだが原子炉が存在する。鋼鉄製の原子炉格納容器は、放射能というこの地上でもっとも危険であり、獰猛な猛獣をとじ込めておく檻であった。もし地震事故やテロ行為などで檻が破られることになれば、猛獣は外に飛び出して暴虐に暴れ回る。無慈悲に、そして無差別に人間を傷つけたり殺戮するのである。

危険なのは原子炉だけではない。深い森の湖のように澄み切った水をたたえたプールには、平成二十三年（二〇一一）五月の段階で、1号機から5号機までの合計六五〇〇体余りの使用済み核燃料の集合体が、我々の国土を破壊させる怒りを秘めて沈んでいる。

以前、福井県にある関西電力の美浜原発で、一度だけプールを至近距離から眺めたことがあった。使用済み核燃料と呼ばれている放射性物質の固まりを無数に沈めた水は穏《おだ》やかに澄んでいて、プールの水面にはキラキラと虹色の光が走り、ぞっとするほど美しかったのを覚えている。


テカテカと油光りしている通路をたどり、鉄製の階段をカーンカーンとまるでハンマーで叩いているような音を響かせ、地下二階まで下っていく。

テクノ中部の監督のもとで簡単なミーティングが終了すると、作業員は三班に分けられ、室内に入って廃棄物の仕分けやドラム缶詰めする作業が二、外部から廃棄物を送り込んだりする作業が一というローテーションで働く。仕分け室に入る者は、チェンジング・プレースと呼ばれている着脱エリアで黄服を重ね着する。

「管理区域で使用している黄色いツナギ服は、洗濯しても放射能汚染は完全には落ちない。それが証拠に、洗濯して乾燥機にかけたヤツを（測定器で）サーベイすると、とたんに小鳥が鳴き声を競っているようなかしましい音を発する。一度汚染された金属は、磨こうが溶かそうが放射線を出しつづけよるから、それと同じだと思うで」

建屋内のランドリーで働いている友人が、白髪まじりの頭をボリボリかきながら笑顔で教えてくれたことがあった。

一度汚染すると繊維の一本一本に染み込み、放射能は生きつづける。そのことを知っている中電社員の中には、黄服を着用するのを拒否する者もいるのだという。黄服の着用を拒否するとは、放射線エリアに立ち入るのを拒否するという意味である。被ばくを恐れる社員の話を耳にすると、彼らも原発労働者なのだとつくづく思う。

我々のような下っ端は拒否したくても拒否できないので、たっぷりと汚染が残っているであろう黄服を着込みゴム手袋をはめ、前屈みになってビニール製のフードマスクをかぶる。そして、バッテリーのスイッチを入れて空気が送り込まれていることを確認すると、重量感あふれる黄長靴をはいて仕分け室に入っていく。

「まるで地獄への扉を開けるみたいだ」

ドアの手前で立ち止まり、冗談顔でつぶやいていた同僚がいた。

アルミ製のドアの向こう側にあるものすべてが放射能汚染している。灰色の壁にかかった時計、錆の浮いた手すり、作業台、廃棄物の入ったビニール袋を切り裂くハサミ、手ハンマー、いつも使用している皮手袋、黄色く塗装されて放射線マークのイラストの入ったドラム缶など、この室内にある一切合切が……。それに、視覚的に捉えられなくても床には放射能が降り積もっている。それが我々の職場だった。

「放射能に色や匂いをつけるのに成功したら、ノーベル賞ものだな」

と語っていた労働者がいた。原発労働者にとって放射能は、非常に忌み嫌うものであると同時に身近な存在だから、やはり発想がそっちに向かいやすい。一人ではなく、何人かから聞いた覚えがある。

その程度のことでノーベル賞受賞の対象になるかどうかはわからないが、もし放射能が鮮やかな色彩で着色されたり、トイレの芳香剤のような匂いを放てば作業どころではなくなり、作業員の多くがパニック状態になって我勝ちに逃げ出すのではないだろうか。

「放射能にしろ放射線にしろ、目に見えないだけに恐怖を煽《あお》りやすい」

このようなことを原発推進派の学者がしたり顔で発言しているのを、テレビで見たことがある。だが、もし目に見えたら、さらに大きな恐怖を煽ることになる。その結果、原子炉周辺の高放射線エリアで作業する者はいなくなってしまうだろう。

放射線が矢のように飛んできて皮膚に突き刺さったり体を通過したり、あるいは放射能がムクムクと死神のように湧き出し、我々を包み込む様子が肉眼で捉えられることができたなら、気味が悪くて誰が悪魔の棲み家のような原発なんかで働くだろうか。

無味無臭で五感で捕らえられないからこそ安全だろう、問題ないだろうと信じて、生活のために働いているのである。

それに浜岡原発でも、特に定検時には少なからぬ量の放射能を大気中に放出しているので、遠方からでも望むことのできる排気筒から薄いピンク色や黄色の気体や煙が出てきたら困るだろう。だから、そのようなものがもし開発されても、色や匂いをつけることは絶対にないと確信を持って言うことができる。

元請け社員の理不尽な怒り

ひどく陰気であり、コンクリートの棺おけのような無気味な雰囲気に満ち満ちた仕分け室で我々が労働にいそしむのは、午前中が一時間半ほどで、午後からは休憩を挟んで通算二時間余り働いていたから、一日の作業時間は四時間程度ということになる。

原発労働が一般の仕事と比較して作業時間が短いのは確かだが、被ばくの危険性を考えると間尺に合う仕事ではなかった。低線量地獄である仕分け室での作業中、いつの間にか細く息をする癖がついてしまった。その反動で、建屋から一歩外に出ると思い切り深呼吸をする。これがたまらない。

深呼吸をするのは、管理区域から出てフードマスクをはずした直後でもなければ、体表面モニターにかかって、汚染がないとわかったあとでもない。建屋から出た直後でなければいけなかった。外気に自分の体が触れた瞬間、思い切り深呼吸する。生きた空気をたっぷりと吸い込むわけである。すると体内に取り込んだ放射能が出ていき、清められた気持ちになる。それとともに、なんとも言えない解放感に包まれるのである。

四時半近くなると、テクノ中部の監督者から作業の終了を告げられる。管理区域に入っていた者は、へルメットを脱いで仕分け室から出ると、もっとも汚染している一枚目のゴム手袋を慎重にはずしてビニール袋に投げ込み、フードマスクを取って壁のフックにかける。このとき、送気用のバッテリーを忘れずに抜き取る。バッテリーは毎朝、充電の完了したものを建屋内にある保管庫から持ち出していた。

そのあと、手首をぐるぐる巻きにしている粘着テープをはずし、もう一枚のゴム手袋を指からむしり取る。長靴を脱いで、黄色のビニールシートが敷かれたチェンジング・プレースに入ると、帽子、黄靴下、そして汗をたっぷりと吸い込んだ黄服の順に脱衣して、それ専用のビニール袋に入れる。使用済みのゴム手袋は破損していなくても焼却処分にされ、一度使用した黄服などはすべてランドリーに回される。

GM管式サーベイ・メーター

青服姿でチェンジング・プレースから退出する直前、作業者はサーベイ・メーターを手に取り、表面汚染を調べる。以前はアトックスの放管員が全員のサーベイをしてくれていたが、面倒くさくなったらしく「自分でやれ」ということになり、それからは作業員が自分で計測するようになった。

携帯用の放射線測定器は何種類かあって、ここでは筒型をした日立製のGM管式サーベイ・メーターを使用していた。もっとも汚染しやすいのは手と足である。手は放射性廃棄物に直接触れるからであり、足の場合は長靴にチリ状のゴミがいつの間にか紛れ込み、それで汚染することがよくある。

管理区域で使用される黄長靴は、Ｌサイズから３Ｌサイズまで取り揃えられていて、一週間から十日間ほど使用したあと監督者の判断で総入れ替えされる。

ＧＭ管を作業着や青靴下をはいた足に近づけると、「ピピピ」と小気味よい音を発し、黒い針がアル中患者の人差し指のように小刻みに震える。

汚染を自分でチェックするのだから、時間をかけて慎重にサーベイする者もいれば、まるでアイロン掛けしているように素早く体の表面を滑らせ、「ハイ、終了」という適当な者もいる。そして線量的に問題ないのを確認すると、仕切り台を乗り越えて管理区域の外に出る。午前午後に限らず、いつもこの手順で出ていた。

テクノ中部の監督による終業の話があって解散になると、バッテリーを建屋内の保管庫に返却に行く者、使用済みの作業着や可燃ゴミの入ったビニール袋を運ぶ者にわかれる。使用済み作業着は通路のあちこちに置かれているランドリー専用の台車に投入し、可燃ゴミは地下一階にあるゴミ置き場まで運ぶ。

ルーチンワークから解放されたあと作業員の体は蝶のように軽くなり、鉄製の階段を我勝ちに駆け上がっていく。建屋外と管理区域との緩衝地帯である青服エリアで使用していたヘルメットを、脱衣場近くの通路脇にある小型ロッカーに戻す。青靴は、その近くの棚にサイズ別に収納する。

だからヘルメットは、敷地内用、建屋内用、管理区域用と、一人で三つ使用していることになる。それに靴も、自前の安全靴、建屋内用の青靴、そして管理区域専用の黄長靴と、やはり一人で最低でも三足使用しているし、衣服も同様である。他の職種ではまずこのようなことはない。放射能汚染のある原発ならではと言える。

脱衣場で青服や下着類を脱いでランドリー用の台車に放り込んだあと、パンツ一丁という格好で手洗い場の仕切り台をまたぐ。手洗い場の仕切り台は、背の低い者なら足の付け根が接触するほど高く設定されていて、管理区域入口のものと比較すると二倍以上ある。

必要以上に高くしているのは、脚のあいだに何か挟んでいないか。パンツの中に何か隠していないか発見しやすくするためである。それに、このとき監視員はカウンターの向こう側から不法な持ち出しがないか目を光らせているので、まるで自分が刑務所の囚人になったように錯覚したことが何度かあった。

手を洗ったあと、電話ボックス型をした「体表面モニター」という測定器で外部被ばくの有無を調べ、線量的に問題がないと十秒間で反対側のドアがひらく。だが、体のどこかが汚染されている場合には、赤ランプが点滅してブザーが鳴り出し、外から操作するまで狭い箱の中に閉じ込められたままになる。

手が汚染している場合には、放管員のオッケーが出るまで石鹸で洗いつづけ、それでも落ちないときにはタワシやスポンジで、腕や手の甲が真っ赤になるまで擦《こす》ることになる。汚染が一定レベルまで落ちないと、ロッカールームに向かうこともできないのだ。髪の毛が汚染している場合には切ることになる。

ある日、会社の同僚でブザーを鳴らした者がいた。すぐに建屋内にある放管センターに連絡がいき、中部プラントの放管員二名が素っ飛んできた。モニターの表示では腰のあたりを指摘していて、放管員がサーベイしてみると、なぜかパンツが汚染されていた。その日彼は、浜岡原発の備品である紙パンツにはき替えて自宅に戻った。彼のパンツは、焼却処分されたとのことだった。

ところが彼は、その二日後に再び体表面モニターのブザーを鳴らしたのである。こんどは足だった。「またやったか！」と、我々は放射能にモテモテの同僚を軽く冷やかし、引っかかった張本人も頭をかいて照れくさそうにしていた。

そのあと、彼は足を洗浄して一発でクリアできたのだから、それで一件落着となるはずだった。しかしなぜか、問題解決というわけにはいかなかったのである。

主任という役職らしいアトックスの放管員の榑林氏は、「ほんとうに困ったことをやってくれたものだ」と詰所にやってきて同僚をドングリ眼で睨みつけるし、ゴミ課の現場責任者であるテクノ中部の鈴木副長に至っては、「このつぎに同じ不始末をしでかした場合には、美粧工芸の全員が連帯責任で、雑個体廃棄物処理の現場から撤退してもらうことにするから、覚悟するように！」と、貧相な顔面を真っ赤にしてキンキン声で脅迫するのだった。

普段は残業などしたことがないのに、その日は警察の事情聴取よろしく、全員が六時過ぎまで残らされてネチネチといたぶられることになった。

テクノ中部の鈴木副長や榑林氏は勘違いしているのではないだろうか。我々は放射能汚染のある現場で働いているのである。非放射線エリアで作業していて、体表面モニターのブザーを鳴らせば問題かも知れないが、放射線エリアで働くと衣服や体に汚染物質が付着することは当然起こりうるはずなのに、汚染したからといって怒っているのである。

それに、たとえ管理区域から出た直後の計測の仕方に問題があったとしても、自分のするべき仕事を他人任せにした放管員が悪いのであって、作業員を責めるべきではない。理不尽な怒りとしか思えなかった。

施設内の「放射線管理センター」に詰めている中部プラントの放管員から、「同じ人がくり返し引っかかるというのは困りますね。お宅の放射線管理はどうなっているのでしょうか。ちゃんと指導してくださいよ」と注意されたと聞いている。つまり下請け作業員のせいで恥をかき、始末書を書かなければいけなくなったゆえに、彼らの怒りが爆発したのだった。

結果的に口うるさく責められただけでなく、テクノ中部の監督の清水の提案で、美粧工芸の従業員全員が翌日から終業前に「反省会」をするように命じられた。それも、一日あたり三十分間以上と時間まで決められて。おまけに、反省会の最中にテクノ中部の監督や榑林氏が、まじめにやっているかどうか何度も様子を見にくる始末だった。きわめて屈辱的な反省会は、三ヵ月間余りつづけられた。

第四章
高放射線エリアという現代の地獄

フランスから運び込まれたMOX 燃料が、原発道路を通って浜岡原発に向かっている。

冥界への入口のような蒸気発生器

福島第一原発の事故のあと、収束作業の過酷さがテレビや新聞の報道、あるいはネットなどで盛んに取り上げられるようになり、作業員の大量被ばくの実態を多くの国民が知ることになった。だが事故以前は、原発の裏側で夥しい数の下請け労働者が危険な被ばく作業に携わっていた事実など、一般の人々の耳目に触れることはほとんどなく、電力会社側にとっても被ばく問題はできることなら隠しておきたい恥の部分だった。

僕が浜岡原発の常駐作業員として勤務していたときには、幸いなことに魂が凍りつくような惨たらしい作業に就いたことは一度もなかった。臨時作業員という身分だったため、廃棄物の処理作業が暇なときに別の現場に回されるとか、他の原発の定検に応援で駆り出されたことはあったが、あとは十年一日のごとく、2号機地下の穴倉で低レベル放射線に慢性的に曝されつづけていたのである。

けれども三十代の頃、渡り鳥のような生活をしていた時代には定検作業に従事することが多かったので、何度か高放射線エリアに立ち入ったことがあった。

第一章でも少し述べたが、そのような現場では一日数分どころか数秒間しか作業できないこともあって、僕が体験した中でももっとも過酷だったのは、昭和五十九年（一九八四）の春から初夏にかけての九州電力玄海原発での定検作業だった。

まさに、放射能という悪魔の餌食になってしまうような危険な作業を体験したわけである。当時のことは三十年以上経過した現在でも、昨日のことのようにはっきりと記憶している。忘れるわけがなかった。あのときの恐怖やおぞましさは、棺おけに入って骨まで焼かれるまで絶対に忘れることはない。

九州電力の原子炉は加圧水型である。加圧水型原子炉は放射能汚染している一次冷却水と、汚染していない二次冷却水とを分離するため、原子炉から送られた熱で蒸気を発生させる蒸気発生器（SG）と呼ばれる装置が原子炉の近くに設置されている。

その内部に飛び込んで探傷ロボットや補修ロボットをセットするのが、そのときの我々に課せられたもっとも重要な仕事だった。被ばく量が跳ね上がるのが定検作業の特徴である。しかしながらここでの作業では、桁違いの過酷さを強いられることになった。

現場作業に取りかかって四日目のこと、同僚がロボット取りつけに失敗したため、急きょ僕にお鉢が回ってきた。迅速に作業を終えて退却しなければ危険だというのに、不幸なことに、僕は飛び込む直前になって初めて蒸気発生器を目にしたのだった。

それは黒々とした姿で聳え立ち、威圧するようにこちらを見下ろしている。高さはかなりあるようだが、僕の立っている位置から全体を望むことはできなかった。円筒形をした鉄の固まりを目にした瞬間、背筋が凍りつくような無気味さや邪悪さを感じたのは、内部が著しく放射能汚染されていると聞いていたからだろう。その傍らに、日本非破壊検査の社員二人の姿があった。

牛乳瓶の底のような度の強そうな眼鏡をかけた四十歳前後のリーダーは、視線が合うとニコリと笑みを浮かべ、軍手をはめた右手を小さく振って手招いた。僕が動くたびにエアラインがスルスルと伸ばされた。

全面マスクで顔を覆い、フード付きのアノラックスーツという頑丈なビニール製の防護服で全身を包んでいたが、エアラインによって空気が送り込まれていたため、暑さも息苦しさも感じることはなかった。

背は低いが筋肉質の体型をしたリーダーは、全面マスクの中の僕の目をじっと見たあと、「大丈夫だな」と鋭くつぶやいた。僕は大きくうなずき、「大丈夫だ。任せてくれ」と声を張り上げた。水中でのダイバーの声そのものだったけど、充分相手に届いている。彼は再び顔面を笑みで満たすと、よろしく頼むというようにこちらの肩を軽く叩いた。

蒸気発生器は足元のグレーチング（格子状の鋼製の床）よりも少し高い位置に設置されている。底の部分は大人の肩ほどの高さで、卵形をした真下にマンホールがあった。マンホールの蓋はすでに取りはずされていて、投光器の橙色の光がボンヤリと内部を照らしている。説明されていなかったが、そこから内部に飛び込むだろうことは瞬時に理解できた。

蒸気発生器の底のマンホールが開放されているということは、それほど広くないこのエリアの空気はかなり汚染されていることを意味している。こちらは宇宙服のような仰々しい格好で臨んでいるというのに、驚いたことに日本非破壊検査の社員たちは普通の作業着姿であり、半面マスクどころかガーゼマスクさえもつけていないのだ。

若い社員のほうはしっかりと危険を自覚しているらしく、リーダーが僕に話しかけているあいだにリスのようなすばやさで片隅に退き、放射線から身を守るように物陰で体を丸めている。青白い顔で目を引きつらせ、体を小刻みに震わせている。この場所から、一刻でも早く逃げ出したい心境でいるに違いなかった。

マンホールの直径は五十センチほどあるだろうか。体を潜らせるには充分な幅があった。マンホールの入口間際までリーダーと近づいていき、腰をかがめて見上げるようにして蒸気発生器内を覗いた。内部は薄暗く、空気が濃厚に澱んでいるように感じた。覗いていると、いきなり頭痛がはじまった。万力《まんりき》で頭部を締めつけられるようなキリキリした痛さがつづき、まるで目に見えない何者かが入るのを拒絶しているように感じた。

「見えるか？　あそこのロボットが……」

彼が指さす先、天井の片隅にロボットが貼りついている。探傷ロボットの形状は一辺が四十センチほどの正方形で、厚さが二十センチ程度あるだろうか。天井の穴に六本の足を差し込んでぶら下がり、遠隔操作によって蜘蛛のように移動しながら傷んだ個所を探す構造になっていることから、「蜘蛛型ロボット」と呼ばれている。

「セットが不完全だったみたいで、いくら操作しても動かんのだ。だから、もう一度あの中に入ってもらって、セットし直してくれんだろうか」

リーダーは落ち着いた声でつぶやいた。その声音同様、分厚い眼鏡の奥の目は穏やかに澄んでいる。投光器の光が、小さな穴が無数にあいた天井と暗灰色の壁をぼんやりと浮かび上がらせている。僕は正体不明の頭痛に辟易しながら、再度天井のロボットを注視した。足を入れる穴が間違っているのだろう、じっくり眺めてみると歪んで貼りついているように見えなくもなかった。

これをセットしたのは、事前にモックアップ訓練を受けた同僚だった。モックアップとは、模型という意味なのだと数日前に詰所で教えられていた。

元請け会社である三菱重工神戸造船所には「原子力事業部」という部署があり、そこには蒸気発生器の実物大の模型が設置されていて、防護服の装着の仕方から何秒で作業を終えて飛び出せるかまで、わが社の従業員六名が一週間に渡って実習していた。

僕は数名の仲間とともに、福井県の美浜原発から直接この現場に移動してきたので、神戸には行っていない。だから、さきほど大丈夫だとつい見栄を張ってしまったが、たっぷりと訓練を受けた者が取りつけ作業に失敗しているので正直な話、百%の自信があったわけではなかった。

日本非破壊検査の責任者は、マンホールに顔を突っ込むようにして熱心に説明している。この当時はまだ、被ばくに対する労働者の認識が相当にいい加減な時代だったが、一緒に内部を覗きながら僕は、彼の大胆な行動に驚いたものだった。

「平然と覗き込んでいるけど、恐怖心は湧いてこないのだろうか?」

悪魔の指先から発射されたような放射線は容赦なく顔面に突き刺さり、彼が呼吸するたびに、放射性物質となった微小なチリは体の奥深くに侵入しているはずである。

特攻隊員の心境で飛び込む

いよいよ作業に取りかかることになった。マンホールの真下にアルミ製の踏み台が置かれ、蒸気発生器から二メートルほど離れたところにしゃがんで待機している僕に向かい、眼鏡をキラリと光らせてリーダーが大きくうなずいた。

その瞬間、キューンと石のように体が固くなった。この場から尻に帆をかけて逃げ出したい心境だった。しかし、逃げ出すわけにはいかない。まさに、死地に赴く特攻隊であった。特攻隊員の心境にならなければ飛び込めるものではなかった。そしてここは、間違いなく戦場だった。

大きく深呼吸したあと腹を決めて立ち上がると、頭を低くして踏み台に両足を乗せ、いっきに体を伸ばした。上半身をマンホールの内部に突っ込んだ瞬間、グワーンという感じで何か得体の知れないものに襲いかかられたような衝撃を受けた。再び頭部が強く締めつけられ、特にこめかみのあたりがキリキリと痛んだ。

マンホールの縁に両手を置き、勢いをつけて全身を内部に入れた。急いで立ち上がると、ヘルメットがガツーンと天井にあたった。無意識に首を傾けた。

灰色の狭い空間に侵入したとたん、なぜか読経が頭の中いっぱいに響き渡り、その読経に導かれて冥界に連れていかれるような恐怖を覚えた。

血が逆流するような恐怖心を抱くとともに完全に気が動転してしまい、なんのために飛び込んだのか入った目的さえ忘れかけていた。ふと下を見ると、マンホールの丸い口の向こうにリーダーの丸い顔があり、心配そうな表情でこちらを見つめている。

それを目にした瞬間、「はっ」と我に返った。すると、耳を圧する勢いで響いていた読経が嘘みたいにスーッと消えた。天井のロボットに飛びつき、両手でがっしり握ると、長靴をはいた右足の爪先で床板を三度蹴って合図を送った。入る前に合図方法を決めていたのである。すぐに「カチャリ」と金属音がして、ロボットの足が穴から飛び出した。

緊張度が普通ではなかったせいだろう、ロボット本体に重量を感じることはなかった。紙一枚ほどの重ささえも感じることはなかったのだ。急いで天井に視線を這わせ、マーキングを捜した。薄暗い上に、全面マスクのせいで視界が狭い。

ロボットの六本の足を赤色にマーキングされた穴の位置に合わせ、再び右足で合図を送った。ロックする音が小さく響いた。目を凝らしてすべての足が間違いなく、そして正確に入っているのを確認すると、マンホールから転がるようにして外に飛び出た。

作業に費やした時間は十五秒間ほどだろうか。リーダーからオッケーをもらうと、急いで悪魔の棲み家のようなエリアから離れた。


「ありがとう、どうやら成功したみたいだ。ほっとしたよ。民宿に帰ったらビールを奢らせてもらうから、たっぷりと飲んでくれ」

防護服を着脱するエリアに入ると、早々と報告を受けたらしく、わが社の責任者が笑顔で言った。

汚染の顕著な一枚目のゴム手袋を脱ごうとした。が、はっきりわかるほど指が震えている。こんなことは初めてだった。傍らには三菱重工の社員や同僚の姿があって恥ずかしさに赤面する思いだったが、自分の体内で震度六か七クラスの地震が発生したかのように、どうしても手や指の震えを止めることができなかった。

「深呼吸だよ。深呼吸、ほら！」

責任者が耳元でつぶやいた。言われた通りに何度か深呼吸を繰り返し、なんとか一枚目のゴム手袋をむしり取ると、仲間が広げてくれているビニール袋に投げ入れた。そのあと、同僚らによって袖口や顔のまわりの粘着テープが取り除かれ、防護服はハサミで切られて裏返しに折り畳まれたまま素早くビニール袋に収められた。

二枚目と三枚目のゴム手袋を指から抜いたあと、全面マスクを顔から剥がし、半ば放心状態で内ポケットをまさぐって線量計を取り出した。すると、二〇〇の線量計で一八〇の数値を記録している。わずか十五秒ほどの作業で、一八〇ミリレムという驚くような高放射線を浴びたのだった。シーベルトに直すと、一・八ミリシーベルトである。

以前、バルブを回すだけの作業をして戻ると、数十ミリレムの被ばくをしていたという話を、まるで異国の出来事のような心持ちで聞いたことがあったが、それ以上の凄まじい現場を自分で体験したのだった。あと二秒間あの中にいたら、線量計がわめき声を発していただろう。

あの当時、我々のような末端の労働者はほんとうに無知だったとつくづく思う。放射線は危険なものだと漠然と思うだけで、どのように危険なのか、どの程度の放射線を浴びると危険なのか、放射線を浴びつづけるとどうなるのか、といった知識が根本的に欠如していた。何もわかっていなかった。何も教えてもらっていなかったのである。

それは現在だって少しも変わっていない。電力会社や元請け会社の社員たちは、我々にけっしてほんとうのことを教えてくれようとはしない。

「多少の放射線を浴びても、問題が発生することは絶対にないから」と、平然と偽る。

このときの作業にはアノラックスーツと呼ばれている防護服を着用していた。しかし、それでガンマ線やベータ線などの有害な放射線を防げたわけではなく、表面的な汚染を防ぐための防護服だから、間違いなく大量の放射線を僕の肉体が受けたことになる。

恥ずかしい話、原発労働者としての生き様を数年間つづけてきたというのに、放射線を浴びるとガンの発症率が高くなることもほとんど知らなかったし、白血病をわずらう危険性が増すことさえ知らなかった。それに若かったこともあって、自分がガンや白血病を病むなどと考えることさえなかった。

では、僕を含めて多くの作業員が何を恐れていたかというと、地獄の業火のような高放射線を浴びることによって皮膚表面がケロイド状に爛《ただ》れること。そして、その先にある原爆被害者同様の死を恐れていたのである。

原発ぶらぶら病

蒸気発生器内の天井には小さな穴が三千以上あって、その一つ一つに外径二センチ余り、肉厚約一・二ミリの伝熱細管が通っている。原子炉で約三百度に加熱された高温高圧水は細管の内部をめぐって二次系冷却水を沸騰させ、その熱エネルギーでタービンを回転させて発電している。デリケートで破損しやすい伝熱細管の状態や、傷の有無をチェックするために、我々は蜘蛛型ロボットをセットしていたわけである。

ロボットは一度セットすれば、それで終わりではなかった。遠隔操作ができなくなるといったトラブルがたびたび発生したのだ。

けっして説明されることはなかったけど、おそらくは高線量が影響しているのだろう。いきなり動かなくなったり、ロボットが落下する事故も何度かあった。その都度我々は駆り出され、ブラックホールのような恐怖の空間に飛び込んだ。

しかし、必ずしも作業は順調に進んでいたわけではなかった。蒸気発生器内に侵入したとたんパニック状態になり、何もできずに出てくる作業者が続出したのである。

やがて内部に飛び込んだきり、線量計が高らかに危険を告げても脱出しない作業者が現われた。補助員がエアラインをたぐり寄せ、無理やり外に引っぱり出したので最悪の事態はまぬがれたが、それでも三十秒間以上入っていたので、四〇〇から五〇〇ミリレムという多量の放射線を浴びたものと思われる。

最初僕が入ったときには、蒸気発生器周辺に補助員は待機していなかった。ところが一人でマンホール内に這い上がれないという極端に運動神経が鈍い作業員がいたため、両足を抱えて内部に放り込む補助作業員が途中からつくようになっていた。

あとになって聞いたところでは、パニックに陥って無理やり引っぱり出された同僚は、内部に入るのをとても嫌がっていたそうである。結果的に、非破壊検査の社員に説得されて飛び込んだのが間違いのもとだった。補助員が手渡そうとしたロボットには見向きもせず、獣のようなくぐもった唸り声を発しながら壁に体当たりしたり、拳で殴るなどして、しきりに暴れるような行動を取りつづけていたらしい。

彼は僕と年齢的にそれほど離れていなかったが、詰所に戻ってきたときには、一生分の苦悩を一瞬で味わったような悲惨な顔つきをしていた。浅黒い健康的な顔は灰色に変わり、老人のように萎《しな》びた風貌になっていたのだ。

心配になって話しかけても、惚《ほう》けたような表情をこちらに向けただけで、まともな返答は戻ってこなかった。数日間、魂を失ったように詰所の片隅でぼんやりとしていたが、責任者が土曜日の夜に車で北九州市にある自宅まで送ると、それっきり玄海原発に帰ってくることはなかった。それに、あのときの体験が恐怖として心に焼きついたらしく、原発労働者の世界から完全に足を洗ってしまった。


さまざまなことが発生しながらも、人海戦術によってなんとか作業は進んでいき、亀裂箇所の確認ができると、そのつぎは補修ということになる。この補修作業を完璧にやっておかないと、二次冷却水の汚染につながり、タービン建屋に放射能が回ることになる。

蒸気発生器内での修理はまず不可能なので、この作業もロボットの役目だった。補修ロボットを取りつけるために何人もの作業員が飛び込んだが、うまくセットすることができず、線量計を鳴らせただけで出てくる者が相次いだ。

たとえ何もできなくても、浴びる線量は変わらなかった。それに、一度取りつけ作業に失敗した者は完全に怖気《おじけ》づいてしまい、それ以後は使いものにならないケースがほとんどだった。だから二度も入れば充分なのに、僕は三度飛び込むことになった。あの世への入口のような蒸気発生器内部には、何度飛び込んでも恐怖心を克服することはできず、正体不明の頭痛を再度体験したものだった。

この現場には、約一ヵ月半いて引き上げた。二十三名の同僚のうち、八名が途中で脱落したので、作業終了時には十五名が残っているだけという悲惨さだった。約三分の一が戦線離脱したのである。

多量の放射線を受けても、そのときには痛いとか苦しいといった顕著な自覚症状はない。しかし、数時間後には手足がだるいとか体に力が入らないといった脱力感や、風邪を引いたときのようなけだるい感じに襲われる。頭痛を訴える者もいたし、夕食の時に嘔吐《おうと》した者もいた。

僕の場合は鼻血だった。二度目に入った日の夕方、顔や体の火照りを気にしながら民宿の部屋で談笑しているときに、同僚から指摘された。水のような鼻血が通勤服の胸元を汚していたのである。

高放射線作業の後遺症のような感じに襲われることは、ほぼ全員が経験しているが一時的な症状であり、いつも一日か二日程度で自然に回復している。しかし、倦怠感や正体不明の疲労感に捉えられたまま、いつまでたっても回復しない作業員が現われた。

「何をしても疲れやすくなり、人並みに働けなくなった」と彼はいう。

病気にもかかりやすくなったと顔をしかめて訴えていた。病院で検査してもらっても、異常なしと診断されたらしい。外見は健康人と少しも変わらない。このような人々は「原発ぶらぶら病」と呼ばれている。まさに高放射線の毒牙にかかった犠牲者だった。そして、僕自身も、原発ぶらぶら病に侵される危険性は充分にあったのに、そうならなかったのは幸運というしかない。紙一重の幸運であった。

わずか数秒間で多量の放射線を浴びることがいかに肉体に負担をかけるか。被ばくは原発労働者の宿命とは言っても、体がどうにかならないほうが不思議なほど暴力的な作業であり、蒸気発生器内は文句なしに殺人的な空間だった。入れと命じたのは地獄の鬼ではなく、我々と同じ人間様であった。

翌年の定検時にも同じ仕事が舞い込んだ。しかし、社員の大半が行くのを拒絶したため、やむなく会社は飯塚市の業者を下請けとして派遣した。ところが、このグループのガラの悪さは群を抜いていた。民宿に入った夜にさっそく仲間同士の喧嘩騒動を起こし、現場でも元請け会社の従業員や、他社の作業員に難癖をつけるといった問題行動が絶えなかったらしい。

そのあげく、朝から一杯引っかけた運転手が作業員の送迎中、地元の人を正門付近ではねるといった人身事故を起こしてしまい、それが原因でうちの会社自体も玄海原発を出入り禁止となってしまった。

我々が体験した忌むべき作業は、その後、労働者集めによほど苦慮したのだろう。大阪や神戸のドヤ街に住んでいるような底辺労働者やホームレスを、楽な仕事があるからと偽って連れていき、たこ部屋という牢獄のようなところに閉じ込めて管理し、無理やり働かせているといった話が聞こえるようになった。陰で原発マフィアと呼ばれている怪しげな連中が暗躍し、脅迫まがいのやり方で労働を強要しているのだ。

口車に乗せられ、だまされて過酷な作業を強いられた人々は、生け贄《にえ》として屠《ほふ》られる運命にある子羊そのものである。そして、あの当時の我々も、生け贄とされた子羊だったのではないだろうか。

蒸気発生器の傍らで待機しているときの、逃げ出したい衝動や胃がきりきりと痛む緊張感。飛び込んだ直後には、読経が頭の中で「第九」のように高らかに響き渡り、そのままあの世に拉致されるのではという激しい恐怖に捉えられた。そして、終わって防護服の着脱エリアに戻っても、いつまでたっても全身の震えがとまらなかった。

その後、蒸気発生器の作業がどうなったか言うと、トラブルが多発したため、最近では二、三年ごとに本体をそっくり取り替えるようになったのだという。

非人道的な作業現場はいつの間にか消滅していた。しかしそれは、原発内に何ヵ所かある過酷な現場が一ヵ所なくなったというだけのことで、作業員の大量被ばくの問題は原発が存在する限りつづくことになる。

放射性廃棄物の入ったドラム缶の移送

「昔はスカ（砂丘）がズーッと向こうのほうまでつづいとったけーが、波風に削られ消滅してしもうた。天竜川に佐久間ダムが築かれたため、土砂が流れてこんようになったんが原因だと、うらたちは聞いとる」

御前崎は砂丘の町である。ここで暮らすようになった翌月、雄大な砂丘の風景を期待して友人たち数名と連れ立って出かけた。

確かに海岸の風景はすばらしかったが、案内役の地元の人が面目なさそうな顔つきで喋っていたように、想像していたよりもかなり規模がコンパクトなのにがっかりした。砂丘というよりも、ただの砂浜である。その一角に浜岡原発はある。

浜岡原発は国内の原発の中では唯一、敷地内に港を持たない。沖合いは漂砂《ひょうさ》といって、海底の砂が絶えず流動しているので、埠頭を築くことができなかったようなのだ。だから核燃料などの輸送には、隣接した御前崎港を利用している。危険物を運ぶ関係で普通の埠頭ではなく、御前崎港のはずれに浜岡原発専用埠頭が築かれている。

浜岡原発で働くようになって二年目が過ぎた平成十七年（二〇〇五）の十月だったか十一月だったか、

廃棄物貯蔵庫に保管されているドラム缶詰めされた低レベル放射性廃棄物を、御前崎港まで運ぶ作業に一度だけ携わったことがある。

本州の最北端、青森県下北半島の首根っこ近くに位置している六ヶ所村の、「低レベル放射性廃棄物埋設センター」へ船舶で輸送するのである。

肝心の御前崎港まで運ぶ作業は、港湾運送会社の上組が請け負っている。その上組がアトックスに作業員の応援を頼んだため、下請け三社から数名ずつ出すことになり、美粧工芸からは例によって臨時作業員という立場の工藤と僕がチョイスされたのだった。

うろこ雲がのどかに広がっている秋晴れの日の朝、雑草がまばらに生えている海岸近くの広場から、ドラム缶が入った巨大コンテナを積み込んだ大型トラックは一台ずつ出発した。御前崎港までの道のりは片道約十二キロ。大型トラック六台でピストン輸送するのだと説明されていた。

二台の乗用車がトラックの前後をガードしながら走行していて、隊列を組んだ後ろの車両の運転を僕は任されていた。後部座席には中年のガードマン二名が座り、助手席にはアトックスの中堅社員が作業員として乗り込んでいる。

巨大な倉庫のような5号機原子炉建屋の傍らを通過し、裏門にあたる東門から出ると、遠州灘沿いの道路を通って一路、御前崎港をめざした。

飛砂《ひさ》に象徴されるように、御前崎は風の強い土地である。特に冬場には風が渦を巻き、家屋をガタガタ揺さぶるほど激しく吹きつける。冬にはまだ早い秋晴れの日だったが、沖には獣の牙のような白波が立ち、「ゴーゴー」と海坊主が咆哮《ほうこう》するようなすさまじい海鳴りが響き渡っている。強風が吹きつけ、荒磯

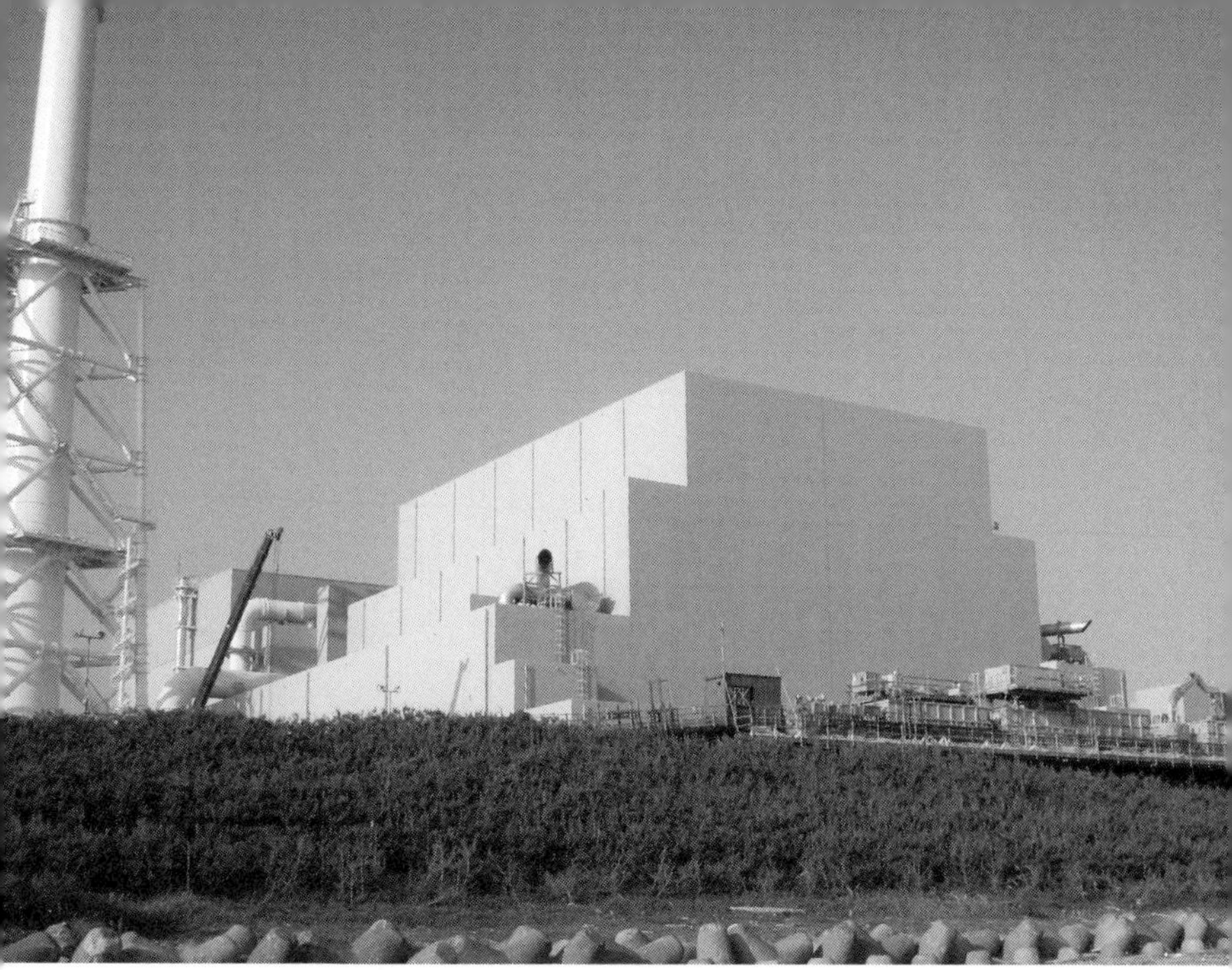

窓のない巨大な建造物は、５号機の原子炉建屋

に波が砕け散る海岸通りを、コンテナを積んだ大型トラックを真ん中に挟み、三台の車両は亀の歩みのようにのろのろと進んだ。

この道路の正式名称は「県道佐倉御前崎港線」。その他には、中電が浜岡原発を建設するときに整備したので、「原発道路」と呼ばれている。けれども、地元住民の多くはその名称を蛇蝎《だかつ》のごとく嫌っているので、もっともポピュラーなのは「御前崎海岸通り」である。

最近ではちょっとしゃれて、「御前崎サンロード」とも呼ばれているこの道路は、生活道路というよりもまさしく観光用である。市のシンボルである御前崎灯台は、この道路からの眺望がもっとも優れている。それに、信号機が少ないのでドライブには最適であり、夜には暴走族が爆音を轟かせて走り回っている。

朝から一杯引っかけていたガードマン

いくつかの呼び名を持ち、荒天のたびに冠水して通行止めとなる海岸道路には、放射性廃棄物の入ったドラム缶を移送する日は、安全ベルトを着込み、誘導棒を手にしたシルバー人材センターから派遣された高齢者や警備員が百メートル置きに配備されている。

他の車両や人の立ち入りはすべてシャットアウトされていて、一年中サーファーが波乗りを楽しんでいるロングビーチも、猫の子一匹、犬の子一匹見かけることはなかった。今日一日だけは、完璧に原発道路と化すのである。

原発反対派の妨害活動などを警戒して厳重な警備体制が敷かれているのだが、僕がハンドルを握っている車の後部座席にちょこんと座っている四十代の二名のガードマンは、反対派が怒鳴り声を上げて迫ってきたら、真っ先に逃げ出してしまいそうな見るからに頼りなさそうな顔ぶれだった。

頭数合わせで駆り出されたのは一目瞭然である。それに、一人はまるで朝酒を呷《あお》ったみたいに顔面を赤く染め、黄色く濁った目は完全にトローンとなっている。まさかと思っていたが、そのうちアルコールの匂いがプーンと漂ってきた。ほんとうに朝から景気づけに一杯引っかけていたのだ。

腐ったトマトのようにブヨブヨになった顔は、頬のあたりを軽く押しただけで、スポンジの水のようにジワーッとアルコールが滲み出てくるように思えた。隣のガードマンも匂いに気づいているらしく、同僚の赤くたるんだ顔に横目でちらちらと冷たい視線を送っている。

いくら問題が発生する確率はゼロに近いといっても、どうしてこんなチャランポランな男を警備員として駆り出したのだろうかとあきれ返っていたが、ルームミラーで彼の猿顔をくり返し眺めているうちにしだいに楽しくなってきて、僕は車を運転しながら声を押し殺して笑った。原発の警備なんて、所詮この程度のものなのである。

助手席に座っているアトックスの中堅社員は、僕がなんで笑っているのか理解できず、怪訝《けげん》な表情でこちらを見つめている。

昼の休憩時間中に言葉を交わしてみると、一杯引っかけていた赤ら顔のガードマンは正真正銘の中部電力の社員で、グループ企業の一つである「中電防災」に出向しているとのことだった。同僚が自慢するように教えてくれたのだ。

こんな男だから出向させられたのか、出向させられたからこのようになったのかは、僕のような門外漢にはわかりっこないけど、仕事の日に朝から匂いがするほど飲んでいると、いつまでたっても会社に戻れないぞ、と言いたくなる。それにしても、自殺一歩手前という顔つきをしていた。よほど不満やストレスが溜まっているのだろう。

「おお御前崎、この断崖で海は二つに切られている。駿河の光と、遠江《とおとうみ》の風に」

海洋への憧れを生涯持ちつづけた詩人丸山薫《かおる》が詠んだように、駿河湾に入るとものの見事に風景は一変した。青く澄み切った空の下、海の向こうには伊豆の山並みが薄紫色に霞み、駿河湾上に富士山が蜃気楼のように浮かんでいる。

大小三台の車は、海岸沿いの道を十五キロから二十キロの徐行スピードで走行し、昭和三十二年（一九五七）の松竹映画、「喜びも悲しみも幾歳月」の舞台となった白亜の灯台の足元をぐるりと回り込み、浜岡原発の専用埠頭に到着した。

古くから遠洋漁業の基地として、全国的に名前の知れ渡った御前崎港のはずれに専用埠頭は存在する。夏には海水浴客でにぎわい、キャンプ設備も整っている「マリンパーク御前崎」という海浜公園の西側、巨大な盛り土の裏側に位置している。

海浜公園の盛り土には、取ってつけたように巨大な滑り台が設置されている。だがこの盛り土は滑り台のためでも、恋人たちが港の夜景を楽しむためでもなく、あきらかに浜岡原発専用埠頭を人目に触れさせない目的で築かれている。

平成二十一年（二〇〇九）五月十八日には、フランスからMOX燃料（プルトニウムとウランの混合酸化物燃料）を積み込んだ輸送船が御前崎港に接岸し、厳重な警備のもとに浜岡原発内に運び入れられた。その船が接岸したのがこの岸壁である。

翌年の平成二十二年（二〇一〇）から、4号機でプルサーマルを断行する予定だった。しかし、県民の反対運動などでプルサーマル計画は延び延びになり、このきわめて毒性の強いMOX燃料は現在、4号機の使用済み核燃料プールに保管されている。

反対派の妨害活動もなく、二日間に渡って五十本余りのコンテナが運ばれた。コンテナは岸壁に積み置かれることなく即刻クレーンが稼動して、排水量二千トンほどの小型輸送船に積み込まれた。このような作業を年間、数度おこなっていると聞いている。

第五章

原発労働者にはどうして
「うつ病」患者が多いのか？

砂丘から浜岡原発を望む

浜岡原発で働いていたとき僕は、社員と違って有給休暇とは無縁の存在だったので、少し早めに年末の休暇をもらってタイの家族のもとに帰る以外、一日たりとも休むことはなかった。休んだらてき面に収入に影響するからである。だから、就労日にはいつも管理区域と呼ばれているエリアに立ち入り、放射線を浴びつづけていた。

低線量被ばくは人体に有益だという説が、以前は労働者のあいだでピンポン玉のように飛び交っていたことがあった。原発先進国であるアメリカの生物学者の唱えたホルミシス理論というのがもとになっていて、低線量は健康に役立つと提唱しているわけである。毒も少量なら薬になるという理論を、電力会社は金科玉条として放射線安全教育にも取り入れて積極的に広めたものだから、あっという間に浸透したのだった。

その説によると、我々は給料をもらいながら健康的なことをさせてもらっていることになる。寿命がのびる効果もあると謳っている。が、原発で働いて早死にした人の話は山ほど聞いているけれども、長生きしたという話は一度も耳にしたことがない。

僕自身、どんなに微量であっても、浴びた分量だけ放射線障害の危険性が増すと考えている。それに労働者の多くは、被ばくが人体に悪影響を与えていることを理屈ではなく、自分の肉体を通してはっきりと自覚しているので、この説もいつの間にか廃《すた》れてしまった。いつの間にか話題にしなくなったのである。

語る価値がないと知ったと言うべきだろうか。

低線量は健康に寄与しない。それどころか近頃では、低線量、長時間がガンのリスクを高めるという説が有力になっている。まさに我々の職場がドンピシャである。その条件にぴったり合致している。だけど、働いているあいだはあまり深刻にならないように心がけていた。

しかし、感情をうまくコントロールできる者ばかりではない。放射能汚染や被ばくの危険性のある現場で働いているというプレッシャーから、原発では昔からうつ病をわずらった労働者の話をたびたび耳にしていた。一般の人々に比べて、原発社会で生きている者が精神を蝕まれやすいのは、当然といえば当然なことであった。

浜岡原発で働くようになって一年目のことだった。別の下請け会社に所属している仕事も達者だが口も達者な四十代の作業員から、アトックスの社員にもうつ病者が何名かいると教えられ、そのときはなぜか「まさか」と笑い飛ばしてしまった。

「アトックスは社員の給料がかなり抑えられているらしいけど、給料が安くて、やる気のない者が多いってことじゃないの？　やる気がなくて仕事中もぼんやりしているから、一見してうつを病んでいるように見えるんだよ」

「アトックスの社員の給料が安いって、よく知っているね？」

「以前、あんたが教えてくれたんじゃないか」

「えっ、そうだっけ？」

彼は口元に笑みを浮かべ、天を仰いだ。

情報通の彼からは、女性事務員がつい最近彼氏と別れたみたいだという軽い話から、詰所で肩を並べている業者の元所長が定年退職した直後に使い込みが発覚し、会社から訴えられそうだといったかなり深刻な話まで、さまざまなレクチャーを受けていた。

「従業員に支払われる給料が極端に安いので、昔、税務署の査察が入ったんだ。これには必ず裏があるってね。ところが裏なんか何もなくて、アトックスの給料が安いのはまぎれもない事実だった。税務署も、ごめんなさいと謝って引き下がったんだけど、その話を以前したことがあったっけ？」

「あるよ。その話だけですでに三度ほど聞いている。それで、こんどはうつ病の話？」

「そうだけど、聞きたい？」

「聞きたいけど、そんな話題、いったいどこで仕入れてくるのよ。それに、アトックスの悪口ばかり言ってるけど、恨みを抱いていない？」

「アトックスには感謝こそすれ、恨みなんてとんでもない」

彼は恵比寿さんのような丸顔に人のよさそうな笑みを浮かべ、あわてて手を振った。

「それで、うつ病の話は事実なの？」

「事実も事実、自信満々の情報。この営業所にも病んだ者が三名もいて、いまでも勤めているんだから笑っちゃうよ、その三名の中には役職に就いている者もいる。昇進して、そのあとうつ病になったらしいんだ。だから、会社としても役職を取り上げるわけにはいかないだろうけど、もう出世は無理だろうな」

「その役職って、班長？」

「いや、主任だ」

「誰？」

浜岡営業所の役職は一番下が班長で、その次が主任、係長、次長、所長と上がっていく。三十数名いる社員の中に、主任は数名いる。

「Aさんだよ」

「ああ……」

東京の有名私大を出ていて、見てくれも悪くない彼の出世は早かったと聞いている。しかし主任に抜擢されて約十五年、その後は後輩に抜かれっぱなしだったらしい。それに、目が細く頬のこけた青白い顔はニヒルと表現したくなるが、精神の病気と重ね合わせてみると、なるほどと思わせる雰囲気を漂わせている。

「他の二人は、Bさんと増田さん（仮名）だ」

「そうだ、そうだ、Bさんがいたんだよね。確かにあの人は普通じゃなかった」

名前を挙げられて光が射したように思い出した僕は、無意識のうちに膝を打っていた。

「とにかく、症状的にはBさんが断トツのナンバーワンだろうな。常に監視してないと、会社に向かわないでどこかに行ってしまうので、毎朝奥さんが車で寮まで送っていたほどだからね」

浜岡原発で働くようになり、アトックス寮に入居した頃から、工藤と僕は四十歳そこそこといった年格好のBさんの異常さには気づいていた。

眉間に縦ジワを刻んだ奥さんの運転する車で寮に乗りつけると、まるで墓場から現われたかのような、青白く陰鬱な顔つきをしたBさんが助手席から降りてくる。焦点の定まっていない血走った目は、右へ左へとせわしなく動き回り、その日のうちに彼が遠州灘に飛び込んでも誰も驚かなかっただろう。

典型的な放射能ノイローゼだと聞いていた。会社側の配慮なのだろう、出勤しても彼が現場作業に向かうことはなかった。一日中、事務所で机に齧《かじ》りついているだけなのである。それでも常に表情を不安そうにこわばらせ、浜岡原発に出てくる限り症状は改善されないだろうことは、誰の目にもあきらかだった。

デスクワークで一日をなんとか勤め上げ、夕方になって会社のマイクロバスで寮にたどり着くと、深刻な表情をした奥さんが迎えにきているのである。そのBさんはどうやら会社を辞めたらしく、気がついたらいつの間にか事務所から姿が消えていた。

「Bさんの場合は、症状が絶望的なほど進行しても他人に迷惑をかけていない。しかし、同じアトックスの社員でもひどいヤツになると、下請け作業員を平気でぶん殴っていた。たいした落ち度がないのにだ。その虫けら野郎は裏日本のほうに飛ばされただけで、解雇はまぬがれた。なぜだと思う?」

「さあ?」

深刻な話をしているはずなのに、彼の顔はにこにこしている。

「下請け労働者はいっぱい殴ったが、同僚やテクノ中部の社員なんかには手を出さなかったからだよ」

「使い捨て労働者なら殴ってもかまわないという発想だ。怒りを覚えるね。だけど、その男もうつ病だったの?」

「精神的に病んでいたと思うよ。いつもイライラした感じだったし、それに頭の線が一本か二本切れていないと、滅多やたらと他人様を殴るはずがないだろうしね。そのクレイジー野郎は白石（仮名）って名前で、小柄だがマッチョマンだった。それに顔はクマそっくり」
「顔のことはいいけど、そいつは何人の労働者に狼藉を働いたの?」
「最低でも二、三人は殴っているはずだ」
「そう、ひどい話だね」

放射能が体に巻きつく

この話を聞いて一年余りが経過した。どのような理由からなのかよくわからなかったが、廃棄物の仕分け作業が急に暇になり、他の作業現場に回されることになった。他の現場といっても同じ2号機内である。作業場と作業内容が変わったのだ。

そこでの作業とは、定検で出た瓦状に切断した大口径の配管などの金属類を、工事現場で見かけるような大型ミキサーに入れ、かき回して放射能濃度をゼロレベル近くまで落とすというものだった。ミキサーの中には小さなボルトが無数に入っていて、摩擦によって表面汚染を除去する仕組みになっている。

美粧工芸からその現場に派遣されたのは、やはり工藤と僕の二人だけだった。その他にはアトックスの別の下請け会社から、六十歳前後と思われる頭頂部がかなり薄くなった作業員が一人来ていた。彼も臨時作業員という身分だったから、臨時ばかりが三名集合したことになる。

作業初日、地下一階にある新しい作業現場の入口あたりで待っていると、我々三名を監督する立場のアトックスの社員が現われた。その社員とは、別の下請け会社に所属している古株の作業員が名前を挙げた人物だった。つまり、増田さんというう つ病をわずらった社員だったのである。

彼と会話を交わしたのはこのときが初めてだった。目元に多少の暗さを感じたが、普通に話し普通に笑っていて、一見して精神を病んでいるようには見えなかった。だが、一緒に働くようになって一週間ほど経過していくらかうちとけた頃、「浜岡原発で勤務するようになって、精神状態がおかしくなった」と、いきなり我々に向かって重みのある告白をはじめたのだった。

増田さんの年齢は四十三歳で、入社十三年目の平社員。少し遅めの結婚だったが三十歳で伴侶を得ると、その直後にアトックスに入社し、浜岡原発で働くようになった。やがて二人の子宝に恵まれた。経済的にとても大変な時期だったが、ここでの作業に耐えられないので会社に退職願いを出しているのだという。

「とにかく、地獄の十三年間だった。朝自宅を出て、今日も放射能の製造工場に行くのかと考えるだけで苦痛だった。それに原発で働いていることに、罪の意識も抱いていた。だけど、もうすぐその苦痛から解放される」

つぎの職場は、失業保険をもらいながらゆっくり捜すのだと語っていた。

「傷病扱いにしてもらって病院通いをつづけなよ。そして、傷病の限度である二年後に会社を退職したらいいじゃないか。それに、この職場が原因で精神状態がおかしくなったのなら、もしかすると労災の対象になるかも知れないぞ」

他の下請け会社の作業員が口を尖らせて叫んだ。

彼は親切心で言ったのだが、「いや、この浜岡原発にかかわっていること自体が苦痛なんだ」と、増田さんは顔をしかめた。しかし、アトックスや中電に対する不満は出てこない。原発への恐怖しか、口を突いて出てこないのである。

「原発は怖いね。いずれ事故を起こすよ。そんな現場になんかいたくない。イライラ感が強く、ズッと眠れなくて体の節々の痛みや倦怠感がたまらないけど、そのような症状もこの仕事をやめれば自然に治っていくと思うよ。結果的に、自分で選んだ職場に追い詰められた感じになったけど、とにかくここからは一日も早く脱出したいね」

一度話しはじめたら、増田さんは油紙に火がついたようにぺらぺらとよく喋った。

うつ病は心の病だが、放射能が蔓延しているような職場で働いていながら、何も感じない人間のほうがむしろ異常なのではないだろうか。ある意味、彼のほうが正常なのである。

「アトックスの浜岡営業所には精神的に不安定な人が数名いるって、ある人から聞いたのですが……」

僕は増田さんの目に視線を置いたままつぶやいた。

「主任のAさんのこと？　彼しか知らないけど、他にもいるの？」

「Aさんの他に、一年ほど前に会社を退職したみたいだけど、Bさん」

「そうだった、彼もいたね。でも、Bさんは辞めたんじゃないよ。病院に入院している。うつ病で入院だから、よっぽどひどい状態なんだろうね」

「それに、すぐカッとなって、下請け作業員を殴りまくった社員がいたみたいだけど？」

「誰だろうか？」と増田さんは首を傾けた。

「本来なら首なんだろうけど、解雇は辛うじてまぬがれて、裏日本のほうに島流しになっているとか」

「あっ、知ってる。そんな社員もいたね。名前は忘れたけど」

「白石って名前じゃない？」と具体的に名前を上げた。

「そうそう、白石。よく知ってるね」

「情報通がいますから」

やっと思い出してもらえたので、僕は声を弾ませた。

「確かに乱暴者だったけど、彼もうつなのかな？　ちょっとわからないね。でも目つきがおかしかったから、病んでいたのかも。ところでその情報通から、中電の社員にもうつ病の人がいるって聞いていない？」

「いや、それは初耳ですね」

「僕は三年ほど前から病院に通っているんだけど、磐田にあるその病院に、中電社員らしき人がきていたんだ。その人は、どう見ても普通じゃなかったね。僕なんかとは大違いで、死人のように蒼白な顔色をしていて、目が安物の人形の目のようにくるくる回っているんだ」

「すごい話だ。そういう話は我々の耳にはまったく入ってこないけど、本気で捜せば結構いるはずですよ。でも、間違いなく中電の人でした？」

僕は体を乗り出した。滅多に放射線エリアに立ち入ることはなくても、職場が原発というだけで、ストレスを抱えている社員は相当数いるはずである。

「わかんないよ。ここで見かける社員とよく似ていたからね」

「じゃ、違うんですか？」

「うーん、どうなのかな……」

浜岡原発では放射能問題で悩む社員が増加したため、最近では大卒ではなく工業高校出を新卒で採るようになったのだという。つまり一般の社員は下請け労働者同様、疑問を抱かずに働けばいいということなのだろう。


「うつ病ってよくわからないんですけど、状態が最悪のときってどうなります？」

それまで沈黙を守っていた工藤が神妙な顔つきで質問した。

「うつ症状を抗うつ剤で抑えているんだけど、薬代が高いし副作用が強いものだから、いっとき飲まなかったことがある。そのときには本当に最悪だったね。気持ちが完璧に沈み込んでしまい、物事をすべてネガティブに考えてしまうんだ。そうなると感情をコントロールできなくなって、死んだほうがましだと考えるようになる。

女房が側にいたから自殺なんて方向にはいかなかったけど、一人暮らしなら、相当にやばかっただろうと思うよ。みんなには、そんな経験はない？」

「あるわけないだろ。むしろ、そんな気持ちになるほうが不自然だ」

元漁師だったという作業員が遠慮のない声を張り上げた。

「うつ病がつらくて苦しくて、これならガンになったほうがましだって考えたことなど、あんたには一度もないだろうな。神様、助けてくださいって、真剣にお祈りしたこともないんだろうな。放射能が体に巻きついた感覚が嫌でたまらず、自宅の風呂場で全身が真っ赤になって血が滲むほどタオルでこすりまくった経験も、あんたにはないんだろうな?」

増田さんは顔を柘榴《ざくろ》のように赤黒くして叫んだ。

「放射能が体に巻きつくって、何それ? 表現がおかしいぞ。それに管理区域で働いていれば、多少汚染されることはある。でも、シャワーで簡単に洗い落とせるじゃないか」

茶褐色に海焼けした痩身の男は、目元に嘲るような笑みを浮かべた。

「簡単に放射能が落ちないから、全身をこすりつづけるんじゃないか。ほら、こうやって!」

増田さんはムキになって叫び、下請け作業員の右腕をつかんで掌や拳固でこすり出した。徐々に彼の目つきがおかしくなってきた。

「ほらほら、こうやって。このヤロウ! このヤロウ!」

叫びながら作業員の右腕を拳で叩いている。叩いたところがすぐに赤くなった。

「何すんだ、やめろよ!」

元漁師は、シワ深い日焼けした顔に怯えの色を浮かべて叫んだ。それでも執拗に叩きつづけている。工藤と僕は急いで立ち上がり、増田さんの腕をつかんで止めに入った。少し抵抗したあと、増田さんはガクンと首を折るようにしてうつむいた。が、少し経過してゆっくり顔を上げると、間の抜けた声でつぶやいた。

「何かやっちゃったかな?」

どうも、記憶が飛んでいたようなのだ。

「いや、何もしていないですよ。なにも!」

腕をつかんだまま僕は叫んだ。殴られた男も、気味悪がって無言のままでいる。我々があっけに取られた顔つきでいると、増田さんはケロリとした表情でつぶやいた。

「ところで、長く休憩したからそろそろ作業にかかろうか。でも、僕は管理区域内には入らないから、作業のほうはみんなでよろしくね」

増田さんの目つきはすでに正常に戻っていた。

原発内で堂々と売られている覚せい剤

低汚染された瓦状に切断した金属類を大型ミキサーに入れ、かき回して放射能汚染を除去する作業は半月ほどで終了した。そのあと場所を移して、こんどはタービン建屋三階で同じような除染作業に従事することになった。

アトックスの監督はやはり増田さんで、工藤と僕もその現場に組み込まれた。ただ、元漁師だけはメンバーからはずされた。どうしてなのか質問することはなかったが、ガサツで無神経な彼のことを増田さんはとても嫌っていたので、それでお払い箱になったのだろう。

地下一階での作業同様、今回も管理区域での作業なので、黄服やゴム手袋、全面マスクなどの装備一式、それに皮手袋を二束持ってエレベーターで三階に向かった。利用者が多いせいだろう、上に向かうときにはしっかりとエレベーターが設置されている。

体育館のように広々としたフロアは、タービンが回転していたら騒音がもの凄いだろう。しかし、2号機は耐震問題で長く停止したままだったので静かなものだった。それでも、この頃はまだ再稼動が予定されていたので、巨大なタービンまわりでは十数名の作業員によるメンテナンスがおこなわれている。

我々の他に誰一人いないチェンジング・プレースで黄服を重ね着してゴム手袋をはめ、全面マスクを装着して少し進むと作業現場が見えてきた。こんどは、消防士が火災現場で使用するような径の太いホースから水ではなく、高圧で砂を噴射させ、やはり低汚染した金属の表面汚染を取り除く作業だった。

他の作業員がやっていたのを引き継いだので、縦横三十センチほどに切断された金属類が山積みになっていて、コンプレッサーを始動させればすぐにホースから砂が飛び出す状態にセットされている。

フロアの片隅に、鉄パイプの骨組みにブルーシートで囲った三畳ほどの小屋が建てられていて、その内部での作業となった。地下一階では、ミキサーを回しはじめたらたっぷり一時間は眺めているだけだったので、眠気をもよおすこともあった。しかし、ここではホースを握って常に砂を吹きつけているので、時間が経過するのが早い。

床に並べた瓦状に切断された鉄に砂を噴射させると、面白いようにサビや塗装の残骸が吹き飛び、美しい地金が顔を出す。連日、この作業を相棒の工藤と交代でおこなっていた。一人が吹き付けて裏表をきれいに磨くと、もう一人が仕上がった金属を一輪車にのせて小屋の外に運び出す。

除染した金属が一定量溜まると、アトックスの放管員を呼んで検査を受ける。ほとんどが合格品なのだが、汚染が残っているものがあると再び小屋に運び入れて磨くことになる。放射能汚染を取り除いた金属は、普通の鉄として再利用されると聞いている。

この作業を二十日間ほどつづけて慣れてきた頃、本業である廃棄物の仕分け作業のほうが忙しくなったので、工藤と一緒に戻ることになった。三階の作業場には増田さん一人だけが残ることになったが、すぐに別の作業員が回ってくるという話だった。

　地下二階での仕分け作業に復帰した直後のこと、太った作業員に向かって平然とトドなどと暴言を吐いていた、枯れ枝のように痩せこけたテクノ中部の責任者の鈴木副長が体調を崩してフードマスクさえもかぶれなくなり、他の部署に移ることになった。

　鈴木副長の後任には、一年ほど前から我々の職場に応援のような形で配属されていた、水野さんという三十代の社員が大抜擢された。勉強家であり、仕事熱心な彼が責任者になってからは、作業の能率がいちだんとアップした。それに彼の太陽のように明るい性格も、作業員にやる気を起こさせる原動力となっていた。

　彼が責任者になった約二ヵ月後、水野建設という地元企業の従業員三名が仕分け場で働くようになった。水野建設は、全国規模を誇るアトックスとは比較にならないほど小さな会社だが、浜岡原発では立場的に肩を並べる存在なので、低レベル廃棄物の処理作業にアトックス以外の企業が参入したことになる。新たに働くようになった三名は水野建設の従業員ではなく、全員が下請け作業員だったので、美粧工芸と同レベルということになる。しかし、年配者の多いわが社と違って二十代と三十代の若者が加わっていたため、作業員の平均年齢が確実に二、三歳は若くなった。

　うかうかしていたら、そのうち彼らに職場の主導権を奪われてしまうのではと、美粧工芸の従業員の多くが危機感を抱いたというのが本音だった。だが、一緒に働き出して数日後には胸をなで下ろすことになった。新しく入った三名は、笑ってしまうほど仕事ができなかったからである。

それから、水野氏が責任者になったわずか二ヵ月後に、彼と同じ名字を持つ地元企業が廃棄物の処理作業にかかわるようになったため、何か関係があるのでは？　と勘ぐる者はいたようである。だが水野姓は鈴木姓同様、静岡県にも御前崎市にもきわめて多く、それに水野建設の社長と水野氏はともに地元の出身だが、両者のあいだには縁もゆかりもないとのことだった。

新たに加わった残りのもう一人は五十代半ばほどで、怪しげな組織に関係しているようだと噂されていた。僕と同年代のその男性は、働くようになってしばらくすると、昼食時とか作業終了後にしばしば我々の詰所にやって来て親しげに話し込むようになり、やがてバイアグラの販売に精を出すようになった。

半世紀以上生きながらえているのに軽薄そのもので、仕事中はいつも眠ったような目つきをしている。けれども、建屋内作業を離れたとたん表情は生き生きと変貌し、冗談をまじえた巧みな話術でバイアグラを売りつける、そんなタイプの男だった。

インド製のバイアグラを一錠五百円で仕入れ、千円で販売していると正直に話していた。

「中国製は駄目だ。インド製ならばっちりで、カアちゃんも満足間違いなし」

うちの会社にも彼から購入した者が何名かいて、そのうちの一人が得意顔で教えてくれたところでは、奥さん相手ではなくいきつけのパブで働くフィリピン女性相手に使用したのだという。にやけた表情で効果抜群だったと語っていた。

原発内で堂々と販売されている精力剤。ところがどっこい浜岡原発では、覚せい剤のような反社会的な薬物さえも平然と売買されていた。ただこっちのほうは、水野建設の作業員がかかわっていたのではない。

人体に害のある放射線作業。素面《しらふ》で飛び込むにはつらいものがある。だから恐怖心を紛らわせるために、使用する作業員は結構いると聞いている。

地元の人が教えてくれたところでは、平成十二年（二〇〇〇）頃、浜岡原発の作業員五名が覚せい剤所持と使用の罪で逮捕されたのだという。ただ逮捕場所が民宿だったため、浜岡原発とは無関係のごとく報道されたらしい。僕が働くようになる三年ほど前の話である。

逮捕者が出ても原発内での売買はいまだにつづけられていて、僕自身「欲しければ、いつでも回してやるから」と、蛙のように腹の飛び出た中年作業員から、1、2号機前の休憩所で声をかけられたことがあった。噂では「ここには警官がいないので、商売はしやすい」と吠えていた売人がいるのだとか。

また別の日には、雑な喋り方しかできない若者から買わないかと持ちかけられた。彼自身も常習者なのだろう。目を充血させ、口元が乾くらしく絶えず唇を舐めていたのが印象的だった。断ると「チェッ」と舌打ちし、殺人者のような険しい目つきでこちらを睨みつけていた。いまだに半端な人間がうじゃうじゃと集まる、原発ならではの話である。

フィリピーナに象徴される売春。そして覚せい剤。原発は半農半漁ののどかな田舎町に、豊かさとともに麻薬や売春、賄賂や暴力などさまざまな悪を運んできたことになる。

仕分け場の拡張工事

水野建設の作業員が我々と同じ職場で働くようになった翌月のこと、長いこと間借りしていたアトックス事務所から追い出され、三階に移ることになった。他の下請け二社も近々引っ越すことが決まっていたので、詰所内はその話で持ちきりだった。

やがて引越しの日がやってきて、我々従業員は半日近くかけてスチール机やパイプ椅子、スチール製の本箱やロッカー、書類などを運んだ。

移動したのは、なんと個室だった。そのため、以前のようにアトックスや他の業者に気兼ねする必要がなくなり、かなり広くなった詰所に我々は素直に喜んだ。しかし、「これからは毎月、家賃を支払うことになるので頭が痛いよ」と玉川所長だけは表情を曇らせ、しきりにぼやいていた。ということは、いままでアトックス事務所の片隅にタダで住まわせてもらっていたことになる。

個室に移った直後、原発労働を徹底的に嫌悪していた増田さんがついに会社を退職することになり、工藤と僕のところに挨拶にきた。辞めることが決定したあとの、彼の表情がやけに晴々としていたのが印象的だった。

低レベル放射性廃棄物は年々溜まりつづけていて、貯蔵庫には鉄箱の保管場所がいくらもないような状態だった。だから貯蔵庫を新たにもう一ヵ所、高台に建設する計画が持ち上がっていた。その前に廃棄物の処理作業をスピードアップさせるため、平成十八年（二〇〇六年）五月、責任者の水野氏の提案で仕分け室の拡張工事がおこなわれることになった。

その期間中、玉川所長から休暇をほのめかされた。決定すれば、二度目の長期休暇ということになる。実は浜岡原発で働くようになって約八ヵ月目に、2号機の定検工事がはじまり廃棄物の処理作業ができなくなったため、工藤とともに一ヵ月半の休暇を命じられたことがあった。

やむなく僕はタイに向かい、その期間は家族のもとで過ごすことになった。工藤は福岡県北九州市にそのままにしていたアパートに帰り、新聞の求人で捜して家屋の解体のアルバイトで食いつないでいたのだという。

もし完全無給での休暇が決まれば、金欠状態の中からなんとかフライト代を捻出し、再びタイの家族のもとに向かうしかない。僕以上に金欠病の重症患者である工藤の場合はさらに深刻で、北九州に戻って再びアルバイト先を捜すことになる。同じ美粧工芸の作業員でも社員の場合は、仕事のない日には詰所待機となり、もちろん給料はあたり前に支給される。

しかし、「捨てる神あれば拾う神あり」とはよく言ったものである。アトックスの高木次長がその期間、外部工事の作業者として工藤と僕を抜擢してくれたのだ。おかげで、長期休暇という地獄から逃れることができた。

外部工事とは、静岡市内にある総合病院の屋上に設置されている、レントゲン撮影やガン治療などに使用する放射線設備を総取替えする工事だった。毎朝、池新田にあるアトックス寮に五、六名が集合してマイクロバスで通い、足場組みからはじまって古い設備の解体撤去作業というように、工藤と僕も久しぶりの鍛冶仕事に職人としての腕を振るった。

その仕事を二週間ほどで終えて数日間休んだあと、再び高木次長のはからいで、東北電力の女川原発に定検の応援要員として工藤とともに派遣された。ここは十日間の予定だったが、工事のとっかかりの遅れなどが影響して二週間ほどかかり、それが終わるとつぎは四国電力の伊方原発に飛んで、やはり定検作業に従事した。

三ヵ所の現場を一ヵ月半かけて巡っているあいだに、仕分け室の拡張工事のほうはすっかり完成していて、伊方原発から戻った翌日から廃棄物の処理作業に合流した。


久しぶりに目にする地下二階の作業場は、大きく様変わりしていた。

中電の優秀な技術者が頭をひねって製作したという、働く者の安全を第一に考えた建設費約一億円の設備は、残念なことに一度も使用されることなく邪魔物扱いされて埃をかぶっていたが、痕跡さえも残すことなくすべて撤去されていた。その跡地は囲われて仕分け室の一部となっている。

それに、横幅が二メートルもある特別注文のベルトコンベアが導入され、廃棄物は直接仕分け台まで送り込まれるようになったことで、きわめて作業効率のすぐれた現場へと変貌していた。いままでは鉄箱から取り出された廃棄物は、おもちゃのような電動式のトロッコに乗せて、少しずつ内部に送り込んでいたのである。

廃棄物を多量に処理できる環境が整うとともに十二名の作業員が増員され、以前からの人員と合わせると三十名余りがこの作業場で働くようになった。だから工藤と僕が働くようになった三年前と比べ、作業員数が約二倍になったことになる。

これまで廃棄物の処理現場は美粧工芸色が強かったが、増員はすべて水野建設でまかなわれた。美粧工芸には、新たに十二名という人員を揃えるだけの甲斐性がなかったし、その意欲もなかったらしい。それに、どのような話し合いがなされたのだろうか、アトックスも作業員を増やす動きは取っていない。

線量計を忘れて管理区域に入る

新たに補充された作業員は若者が多く、職場の平均年齢が大幅に若返っただけでなく、見るからに仕事ができそうな顔ぶれが何名か加わっていた。それに今回は水野建設の社員も二名、仕分け場で働くようになったわけだから、こんどこそほんとうに一年もたたないうちに現場の主導権を奪われることになるだろうと覚悟するしかなかった。

ところが、よくしたものである。新たに加わった三十歳前後の水野建設の責任者は、わが社の従業員もびっくりするほどのパチンコ狂だったので、チェンジング・プレースではパチンコの話題が盛大に飛び交うことになった。作業員が増えたというよりも、ギャンブル依存症の愚か者が増えたといった感じだった。もう一人の社員は、坊主頭の定年間近の年配者だった。

若いだけに覚えが早く、やる気満々の下請け作業員も補充人員の中に何名か加わっていたが、それでもグループとしての評価は標準以下だった。会社の立場はアトックスと互角であっても、従業員のレベルは美粧工芸よりもかなり劣っていたのである。

廃棄物処理現場での美粧工芸の優位性というか、先輩としての立場はまだしばらくは保てそうだった。それに水野建設の責任者のような作業態度だと、いずれ大きなちょんぼを仕出かすに違いないと考えていると、働き出して二、三ヵ月経過していくらか作業に慣れた頃に、やっぱりという感じでしばらくはパチンコの話題を口にできないほどの事件を引き起こした。線量計をつけずに仕分け室に入ったのである。

その程度のことは、たいした問題ではないだろうと一般の人々は思うかも知れない。しかし、放射線という見えない敵と戦っている原発労働者にとって、線量計は唯一、現場の異常を知らせてくれる頼もしき味方なのである。

それに放射線検知器である線量計は、作業員の被ばくを管理するため管理区域での装着が法的に義務づけられていて、もし所持しないで入域した場合には、国や県への報告義務が生じる。

線量計は一度首にかけたら、退出するときまではずすことはまずない。それなのに、チェンジング・プレースで黄服を着用するときに首から抜き、手すりにぶら下げたまま忘れたらしい。彼のあとに入域する者がいれば、手すりに掛かっているのを発見することができたのだろうけど、内部作業者で入域するのは彼が最後だった。

約三十分後に装着していないことに気づいてあわてて捜しにいった。ところが線量計は霞《かすみ》のように消えていて、あちこち問い合わせると、建屋内にある「放管センター」に保管されていることがわかった。たまたま通りかかった他の現場の作業員が〝落とし物〟として届けたのである。

その日は作業終了後、労働者棟の五階にあるテクノ中部の会議室に作業員全員が集められ、たっぷり一時間かけて油をしぼられることになった。

タイミングが悪いことに、責任者よりも数ヵ月前から働いている例の人物、原発内でバイアグラ販売のアルバイトに体を張っている五十代の作業員が、廃棄物貯蔵庫でフォークリフトを使用しての作業中に、廃棄物の入ったドラム缶を引っくり返すという作業ミスを数日前に仕出かしたばかりだった。

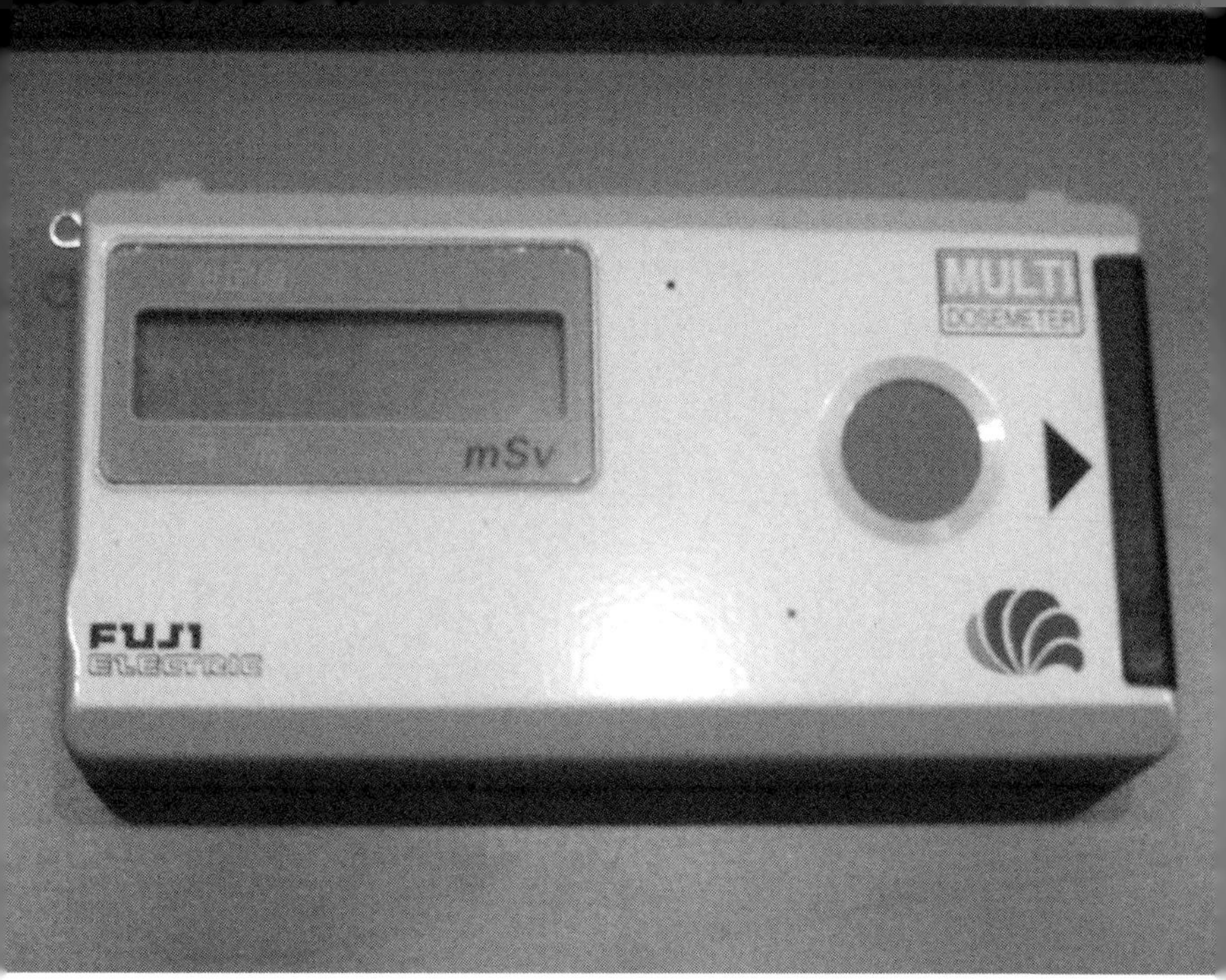

線量計は放射線エリアでは体の一部になるので、退出するまではずすことはまずない

ドラム缶はセメント固化する前だったので、貯蔵庫内で中身をぶちまけてしまえば放射能汚染事故を発生させるところだった。しかしドラム缶は一部変形しただけで、運よく蓋が開かなかったので重大事故にならずに済んだ。水野建設の責任者はそのことでも責任を負うべき立場なのに、こんどは彼自身が問題を引き起こしたのだ。

ドラム缶を転倒させたときには、会議室での辛らつな叱責のあとに副所長の上沼氏が現われ、「いまさら責めても仕方ないので、これからは再びこのような事故を起こさないように注意してください」と温情ある言葉で締めくくられ、この問題は解決済みとなった。しかし、水野の作業員が立てつづけにミスを犯したので、温厚な上沼氏も堪忍袋の緒が切れたのだろう、さすがにこの日は最後まで姿を見せることはなかった。

バイアグラ氏は、この職場で何がなんでも頑張らなければという自覚が希薄なのだろう、転倒事故の当日、全員がこっぴどく叱られているときも平然としていて、「誰が事故を起こしたの？」といった顔つきでときおり笑みを浮かべていた。その点、さすがに責任者はうなだれて反省している様子がうかがえた。

このしおらしい態度がいつまでもつづいてくれれば、職場も静かになって助かるのにと思っていると、意気消沈している彼を鞭打つように、若手社員の清水がいきなり、「明日から当分のあいだ、作業後に反省会をやってもらうから覚悟するように！」と底意地の悪そうな顔つきで、水野建設の従業員に向かってヒステリックに叫んだ。

そのあと、彼らのミスのとばっちりが無関係のはずのこちら側にも降りかかった。

「美粧工芸の者たちも、反省会をするように」と命じられたのだ。

ほんとうに反省会が好きな男である。しかし、すぐさま責任者の水野氏が「それはあんまりだろう」と庇ってくれたので、我々だけは反省会という屈辱から逃れることができた。

解散直前になってテクノ中部の部長が顔を見せ、「今日のことはけっして口外しないように」とくり返し念を押していたのは、どうやら上に報告しないでうやむやにするつもりらしい。

それから、人間的に問題のある清水は、ありがたいことに秋の人事異動で廃棄物処理の現場から離れることになった。あとで耳にしたところでは、名古屋の本社勤務になったとのことだった。愛知県には彼の実家があるそうなので、この移動に本人も喜んだのではないだろうか。

第六章
旧友との再会

3 号機の放水口付近。沖に見えるのは取水塔。

異様な集団

平成十九年（二〇〇七）三月、前年の仕分け室の拡張工事のときに、外部工事の作業者として工藤と僕を抜擢してくれたり、女川原発や伊方原発の定検に優先的に赴かせてくれた、人情味あふれる高木次長が福井県の敦賀原発へ転勤になった。

正門前や原子力館の入口周辺を彩っている桜が散り、送電鉄塔が連なっている山々が新緑に染まる季節になると、敷地内の松林が徐々に松食い虫の被害を受けるようになった。梅雨が明け、原子炉建屋の背後に浮かんだ入道雲が青く輝いている空を力強く押し上げ、油蝉やミンミン蝉が生き急ぐように鳴き声を競うようになると、いっそう枯木がめだつようになった。

敷地内の松の多くは江戸時代に土地の人々によって植林され、塩害や飛砂被害から田畑を守る海岸林として成長してきたものである。

大きく育った何十本ものアカマツやクロマツが枯れていくさまは、一九八六年四月のチェルノブイリ原発事故のときの〝赤い森〟を連想させた。天井を吹き飛ばした4号炉が十日間にわたって燃えつづけ、風に乗って高濃度の放射能が通り過ぎるときに木々は赤茶色に変色し、死の森になったと聞いている。

歩いて2号機建屋に向かうたびに枯木が気になっていたが、秋になると敷地内の剪定作業をしている植木職人たちがチェンソーを使い、一ヵ月近くかけて枯れた松の木をすべて伐採した。それゆえ、昨年まで油絵に描かれたような整った姿形を保っていた松林はところどころ歯が抜けたようになり、みすぼらしく間が抜けた風景になってしまった。

平成十九年（二〇〇七）十一月のことだった。午前中の作業を終え、その日は弁当を注文していなかったので、詰所に一度戻ったあと一人で食堂に向かった。

4号機の定検の時期だったので、食堂の利用者はいつもの二倍ほどに膨らんでいる。カウンターでトンカツ定食を受け取ったあと、誰も利用していない長テーブルの椅子を引いて座ろうとしていると、背後から僕の名前を呼ぶ声が飛んできた。

反射的に声のした方向に目を向けると、少し離れたテーブルで黒ぶち眼鏡をかけた白髪頭の男性が笑みを浮かべ、高々と掲げた右手を手招きするように振っている。

その人物が何者なのか、すぐに理解できた。四国電力の伊方原発で働いていた三十代の頃、元請け会社のプレハブ建ての宿舎で一緒だった。所属している会社も違うし作業現場も違っていたが、宿舎での麻雀仲間であり飲み友達であり、それに同じ岡山県の出身ということもあって、特別親しく付き合っていた。

彼の仕事仲間なのだろう、十名前後が同じテーブルに寄り固まって食事をしている。しかし、そのほとんどが墨を塗りたくったように真っ黒に日焼けしていて、目つきも悪い。真っ赤なタオルで坊主頭にねじり鉢巻きをしている者までいて、まるで黒沢映画に登場する山賊か野武士のごとき、一癖も二癖もありそうな荒くれ者の群れといった印象を受けた。

それに、僕に声をかけた眼鏡の男性は濃紺の作業着を着用しているが、全員が作業着もまちまちで、広々とした食堂内でそこだけが場違いなオーラを発している。

トンカツ定食の乗ったプラスチックのトレーを持って彼らのテーブルに移動しているとき、僕に声をかけてきた男性の名前が脳裏に浮かんだのは、ほとんど奇跡だった。

彼の隣でラーメンを啜《すす》っていた、いかにも力仕事をやっているといった感じの四十歳前後のマッチョマンが、「ここに座りや」とつぶやいてすばやく立ち上がり、隅の席に移動した。

空けてくれた席に腰を下ろす前に「お久しぶり」と気軽に声をかけると、底抜けな笑みとともに「ああ、久しぶりやな」という返事が戻ってきた。彼は僕よりも三、四歳年上だと記憶している。やはり昔の仲間に会うのは嬉しいものである。

「二十年ぶりとちゃうかな、川上さんよ。わしの顔はちゃんと覚えていてくれたみたいやけど、さすがに名前までは覚えてへんやろ?」

彼は人のよさそうな笑みを浮かべてつぶやいた。

「ちゃんと記憶しているよ。山田さんだろ」

「正解だ。驚いたな」

「山田さんもこちらの名前を覚えていてくれたんだから、記憶のいいのはお互い様だよ」

僕は瀬戸内海に面した倉敷市の出身だが、彼は岡山県内陸部の中国山地を背にした新見市の生まれである。その新見の近くに高梁という美しい城下町があり、そこに幕末、藩の財政改革を果たした山田方谷という偉人がいた。

同じ姓なので親しみがあったのだろう、飲んでいるときに、彼から山田方谷の話を何度か聞いたことがあった。それで、彼の名字をしっかりと記憶していたのである。ただ彼の家系は、山田方谷家とは縁もゆかりもないとのことだった。

「それで、ここで長いこと働いとるんかいな?」

「まだ、四年ちょっとといったところだよ。それで、山田さんのほうは原発の仕事をあれからズッと?」

「いや、原発やのうて、最近は建築の仕事なんかでしのいどるんや。そやから、十何年かぶりの原発労働ということになる。それにしても、まさか浜岡原発で知った顔に会えるとは考えてもおらなんだよ。あの当時、あんたとは麻雀仲間やったし、それに松山の道後温泉まで一緒に女を買いに行ったこともあった」

確かに仕事が引けると毎晩のように卓を囲んでいた。でも、道後温泉の件は正直なところ記憶になかった。おそらくは、彼が別の仲間と行ったのを勘違いして記憶しているのだろう。それとも、こちらが遊んだことなどすっかり忘れているのだろうか。

「定検で来てると思うけど、作業現場は4号機のどこ?」

「昨日こっちに着いたばかりで、現場がどこやらまだ教えてもろうてないんや。手配師は放射線量の低い、安全で楽な作業やと何度も念を押しとったが、あんなケタオチの言うことなんか、信じられんしな」

ケタオチとは賃金が極端に安く、それに待遇も悪い作業現場および業者のことである。

彼はそうつぶやいたあと口を大きく開けて笑った。上の前歯がほとんどなくなっている。あの当時、彼は男前の部類に入っていたように記憶しているが、欠けた前歯がその後の荒んだ生き様をしのばせた。

「それで、いつまでここに?」

「二週間の契約で来とるんや」

その夜、酒好きな山田さんのために、途中のコンビニで二リットル入りの紙パックに入った日本酒を購入し、自転車で彼が宿泊している民宿を訪ねた。

二階の六畳の部屋は個室ではなく、昼間、食堂で席をゆずってくれた人物と同室だった。二人で一部屋を使っているのだという。

昔我々が定検で渡り歩いているときには、一部屋に詰め込むだけ詰め込まれ、畳に布団が敷きにくい場合には一人や二人は押入れで寝ることもあった。しかし最近ではプライバシーがどうのこうので、相部屋というのはめずらしい。

けれども、相部屋というのも合宿みたいで慣れてしまえば結構楽しいものである。それに仕事を終えたあと、同室の仲間たちと無礼講で酌み交わす日本酒やビールの味は格別だった。僕にとって久しぶりに飲む酒だったが、山田さんと同室のマッチョマンも誘い、三人で部屋の中央に車座になってコップ酒を傾けることになった。

「酒やビールを浴びるほど飲むと、体内に取り込んだ放射能をきれいさっぱり洗い流せるという話や。そやから、浜岡原発で働いとるあいだは毎晩、たっぷりと飲んで体をきれいにせんとな」

山田さんが笑顔でつぶやいた。

一九八六年四月二十六日のチェルノブイリ原発事故のあと、ソ連政府は崩壊した原子炉建屋を巨大なコンクリートで囲む作業に取りかかる。この石棺を建設するために、各地の原発から技術者や労働者が招集され、その他にも、「任務の遂行」「人類愛」「英雄」などのスローガンのもとに駆り集められた兵士や炭鉱労働者、それに建築労働者や志願した人々が投入された。

その数は六十万人以上だったと言われている。放射能の汚染レベルが桁違《けたちが》いな最前線で、まるで死神に抱擁されているような過酷さを強いられている労働者たちは、皮肉を込めて自らを「バイオロボット（生物機械）」と呼んだ。

やがて、絶望的な作業に従事している彼らのあいだに、ある話題が福音のように囁かれるようになった。ウォッカを浴びるほど飲むと、体内に取り込んだ放射能が尿とともに排出されるという噂だった。日本でも体内汚染の心配があったときには、ビールを吐くほど飲んでオシッコとして流すのが、内部被ばくの危害から逃れる最良の方法だと労働者の多くは本気で信じている。

「でも、無理して飲むわけではないでしょう」

僕が彼のコップに注ぎながら口にすると、

「まあ、そうやがな」

と、山田さんは顔をくしゃくしゃにした。

彼らは現在、大阪西成区にある「あいりん地区」で暮らしているとのことだった。あいりん地区は、通称釜ケ崎と呼ばれている安宿《ドヤ》街である。

その怪しげなエリアに、二十代の頃には放浪癖の命ずるままに生きていた僕自身も、仕事を求めて何度か滞在したことがあった。日雇い仕事で少しお金が溜まるとリュックサックを背負ってあちこちを旅したり、その当時、滋賀県や京都の山奥や農村に点在していたコミューンに参加していたのだ。

あいりん地区の住民の多くは住所不定の日雇い労働者と路上生活者のため、きわめて治安が悪い。怠惰と諦念が渦巻き暴力が支配し、朝っぱらから酔っ払いが徘徊するドブ臭い一画に居心地のよさを感じる人々はいるようだが、ほんのわずかなあいだ仮の宿としていた僕にとっては、汚い街だったという感慨しか残っていない。

「親方も一緒にここに?」

「いや、親方というか手配師は来とらん。浜岡原発で働くために十七人がのり込んできたんやが、手配師の代わりに番頭がボーシンできとる」

ボーシンとは、グループのリーダーという意味である。

山田さんと同室の仲間は坂上さんと言って、若い頃には陸上自衛隊に長く所属していたのだとか。その当時のことを聞いても言葉を濁して教えてもらえなかったが、彼の立派な体格は自衛隊時代につくられ、現在の肉体労働で維持されているのだろう。

坂上さんは飲みはじめると、すぐに顔が真っ赤になり、「暑いから」と小声でつぶやいて長袖シャツを脱ぎ出した。半袖の下着シャツから覗いた左手の二の腕には竜ならぬ、女性の上半身ヌードの見るからに素人彫りの入れ墨が刻まれている。

彼の浅黒い肌に刻まれた稚拙なヌード女性は、顔をのけ反らせて天真爛漫な笑みを浮かべている。だが、泣いているように見えなくもない。

「あんた、嫁はんは?」と山田さんが問うてきた。

「結婚はしていて、子供も二人いるよ」

「それで、嫁さんや子供もこの町で一緒に暮らしとんのかいな?」

「原発の近くに住まわせたくないので、妻子は郷里のほうで生活している」

「それがええ」

山田さんは大きくうなずいた。

「ところで郷里って岡山?」

「いや、妻の郷里で、岡山よりもかなり遠いんだ」

「かなり遠いって、北海道? それとも、沖縄かいな?」

「実は僕の妻はタイ人なので、妻の実家のある北部タイに……」

「北部タイって、チェンマイ?」

「チェンマイじゃないけど、妻はチェンマイと同じ美人県の出身だよ」

「そうや、チェンマイって有名な美人の産地やないか。それに、遊びにいったヤツが言うとったけど、チェンマイの女の肌って、日本人よりも白いんやて?」

「そんなことはないと思うけど……。ところで、山田さんは結婚は?」

「嫁さんがおったら、ドヤ暮らしなんかしとるかいな。それに、結婚なんて面倒くさいもんは嫌やで」

「でも、一緒に暮らしてみたいと思った女性はいたでしょ」

「ずいぶん昔のことや」

「どんな女性でした？」

「カビが生えたような話やけど、ええかな？」

「いいですよ。ぜひ聞きたいですね」

僕は体を乗り出した。

「伊方原発で働いとったときのことやけど、たった一人だけ好きになった女がおった。遊び好きだったわしのことやから、飲み屋や風俗関係の女だと思うかも知れんが、そうやない。八幡浜で散髪屋をやっとる女やった」

我々が住んでいた伊方町の宿舎のすぐ近くから、八幡浜行きのバスが出ていた。タクシーを利用したところで近いので、海辺の小さな漁師町まで出るのにそれほど時間や料金がかかるわけではなかった。それに、八幡浜から別府に向かうフェリーが就航していたので、その頃同棲相手がいた僕は、北九州に帰るために毎月のように八幡浜まで出向いていた。

「山田さんが惚れたくらいやから、べっぴんさんなんやろね」

静かに飲んでいた坂上さんがいきなり口をはさんだ。

「ああ、もの凄いべっぴんやった。わしは特別面食いやからな」

山田さんは目を糸のようにして照れ笑いを浮かべた。

「人一倍散髪嫌いなわしが、半月か二十日ごとに通っとったんやからな。ほんまに、眺めとるだけで幸せな気分にさせてくれた。どうせ亭主持ちだろうと諦めかけとったが、正真正銘の独身女やった。それがわかったあとも三年間通ったが、一度も好きだと言えんかった」

彼はコップ酒をひと息に呷ったあとうつむき、眼鏡の奥の目をしばたかせて思い出に浸っているような顔つきをしていた。しばらくして顔を上げると、あわてて叫んだ。

「わしが元請け会社のお偉いさんから、会社をつくってみんかと相談されとったのを、川上さんに話したことはあったかいな?」

「いや、ないけど。元請け会社って、日本建設工業?」

「そうや、会社をはじめるときには、気心の知れた川上さんにも協力してもらおうと考えとったんやけど、どうやら声をかけるのを忘れとったようやな。

そのうち、あんたはいつの間にか寮からおらんようになってしもうた。その数ヵ月後のことやった、目をかけてくれとる日本建設工業の監督さんから、どうや、と打診された。わしは有頂天になった。しかし、会社をやるには金がいる。それはようわかっとったけど、根っからズボラな性格やから、金を貯めることができんかった」

「……」

「大チャンスやから、郷里に帰って両親や姉さん夫婦に相談したんやけど、真剣に取り合ってもらえなんだ。金を渡すと、どうせギャンブルか女であっという間に散財してしまうと勘ぐられたんやな。でも、しゃないわ。ほんまに、そんな男やったからな」

「確かに山田さんは飲む打つ買うと三拍子そろった道楽者だったけど、仲間をとても大切にしていたし、それに仕事をやらせたら一流だと聞いていたから、もし会社経営をはじめていたら、絶対に成功していたと思いますよ」

「そうやろ、川上さんもそう思うてくれるやろ」

彼は満足そうに顔をほころばせた。

「会社をやりだしたら、堂々と散髪屋の女をくどきにいけたんやが、その夢もほんまに夢で終わってしもうた。そのあとは滅茶苦茶や。勤めをやめて伊方から離れ、流れ着いたのが、いま住んどる西成という地獄の釜の底や」

どこで働いているのか誰も教えてくれない

その夜は十時近くまで山田さんたちと楽しく語り合い、四日後の日曜日の昼過ぎに再び民宿を訪ねた。中部プラントの四階建ての独身寮近くに建つ、古びた民宿の二階の部屋に入ると、山田さんは布団にもぐり、亀のように顔だけ出してテレビを見ていた。室内に坂上さんの姿が見えないので尋ねると、パチンコに行ったのだと教えてくれた。

「仕事に出た日は、出ズラの三分の一ほどを貸し金してくれることになっとるんや」

山田さんは起き上がると、布団を二つ折りにして壁際に片づけた。

「昨日も仕事がひけたあとパチンコにいったみたいやが、一時間ほどでスッカラカンになって戻ってきた。今日もボーシンに無理をいうて借金して出かけよったけど、どうせあと一時間もせんうちに戻ってくるやろ。ドヤに住んどるもんの金には放浪癖があるさかいな、勝てるわけがない。坂上を待っとって、また仲良うこのあいだのつづきをやろか。昨日、買うた酒がまだ残っとるさけ」

人口わずか三万余の御前崎市の池新田地区だけで、五、六軒のパチンコ店がある。原発景気でアブク銭を手にした一部の地元住民や、稼ぎを派手に使う原発労働者相手に、どこも繁盛しているようだった。

「昨日は土曜日なのに、仕事だったの？」

畳の床に腰を下ろしながら僕は尋ねた。

「ああ、貧乏暇なしや。金曜日は管理区域の入口周辺の養生をちょこっとしただけやが、昨日はついにタンクの底のようなところに放り込まれてしもうた。そこは、ほんまに高温多湿なんや。蒸し暑いなんてもんやなかったで」

「なんてエリア？　山田さんは原発の仕事が長かったんだから、自分がどこで作業したのか大体わかるでしょう」

「エアーロックを通過したから、リアクタービル（原子炉建屋）内ということは間違いないんや。けど、昔は一度も立ち入ったことがなかったと思うで。そやから、近くにいる監督に、ここはなんというエリアなのか聞いたんやが、教えてくれなんだ。おかしな話や。まるで、労働者風情は知る必要がないという態度なんや。さらにしつこく聞くと、嫌な顔をされてしもうた」

この話は事実である。僕も経験したことがあるからよく知っている。特に、わずかな時間内にどっさりと放射線を浴びるような現場では、自分がどのような場所で作業するのか告げられないまま放り込まれることが多い。だから、もし彼のように質問しても無視されるか一喝されるだけで、まず誰も教えてくれない。

その根底には、下請け労働者は何も知らないほうが作業が順調に進んで好都合という、元請け会社側の狡猾な意図がある。そして、作業員はよくわからないうちに高放射線を浴びてしまい、ガンや白血病を病む危険にさらされる。下っ端の命は軽いということなのだろう、ふざけた話である。

詳しく話を聞いてみると、彼が放り込まれた現場とは「原子炉ウェル」ということがわかった。それから、加圧水型原子炉を採用している四国電力の伊方原発ではウェルではなく、「原子炉キャビティ」と呼ばれている。

「なんや、昨日の作業現場は原子炉キャビティやったんかいな。現場がゴタゴタしとるせいで勘違いしとった。そこなら伊方で働いとったとき、原子炉の稼動中やったが何度か立ち入った覚えがある。さすがに、今回のようにキャビティの底まで下りたことはないがな」

山田さんは笑みを浮かべた。

「少しずつ思い出してきたようですね」

「と言うことは、すぐ近くに核燃料プールがあるということやな」

「そうですよ」と僕はうなずいた。

「でも、定検作業中はオペフロにたくさんの労働者が立ち入る関係で、よけいな被ばくを避けるためプールには蓋がされていたはずです」

井戸という意味を持つ原子炉ウェルは、燃料交換のたびに使用されるので著しく放射能汚染している。そのため、年一度の定検のときには必ず除染作業が実施される。

原子炉ウェル

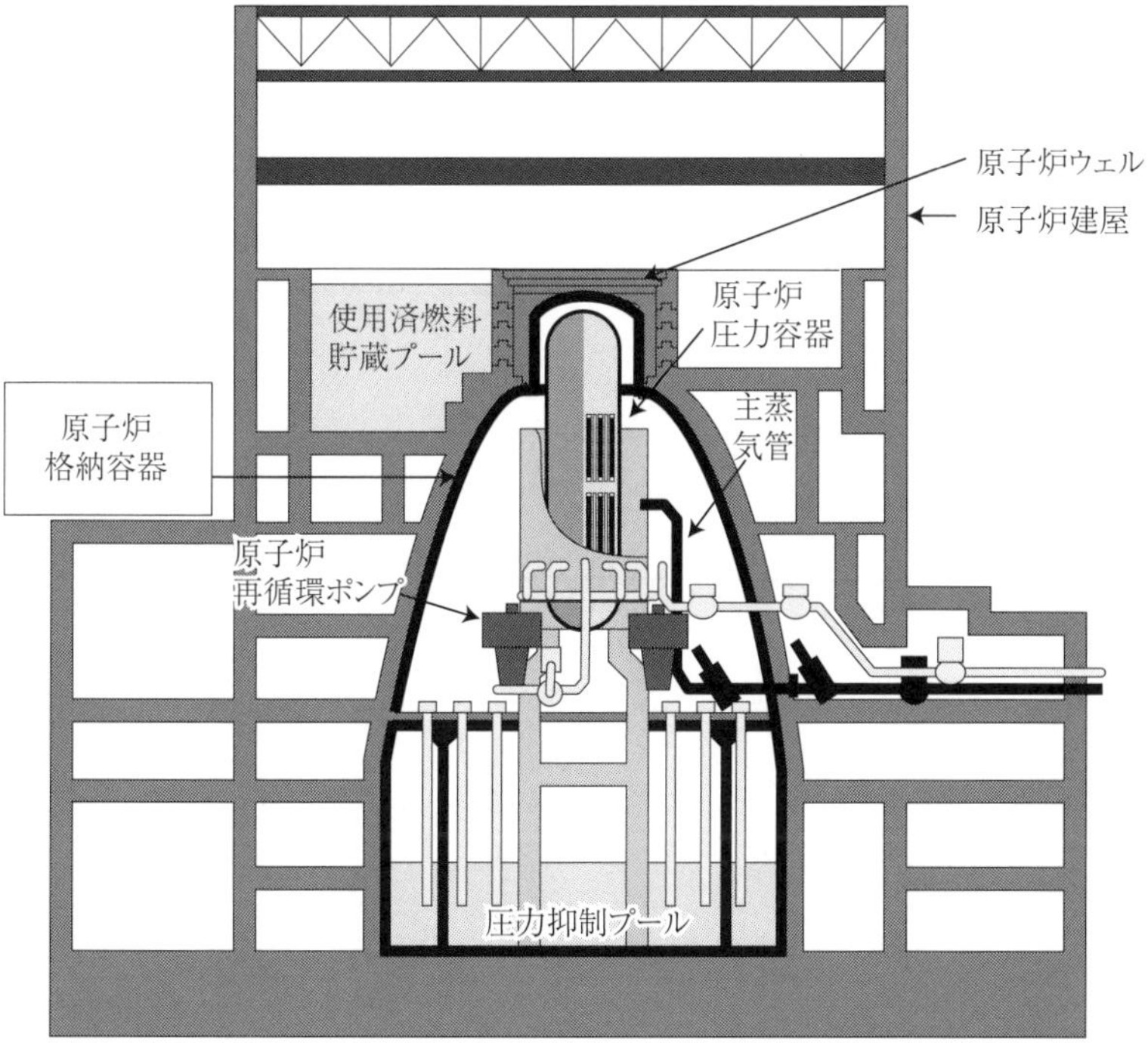

壁は曲面なので電動の「壁面除染機」を使い、機械で磨きにくいところは柄の長いモップやデッキブラシを使い、高圧ホースで水を噴射させながら汚れを落とす。

これは比較的に熟練した者の作業で、底近くの配管などが込み合っている箇所は手作業でやるしかなので、素人集団や応援者にさせている。だから、山田さんたちのように各地から掻き集められた臨時の作業員たちは、防護着をつけて内部に入っていく。

「四人ずつ交代で入るように命じられたんや。わしは二番目に入ったんやが、モンキータラップを伝って下りとるときから暑うて暑うて。おまけに気分が悪うなり、底にたどり着いたときにはほとんど意識が朦朧となっとった」

「内部に何分間ほど入っていました？」

「十五分ほど入っとったんとちゃうやろか。そのとき盛んに思うたんや。夏場にぬいぐるみを着て、客に愛嬌を振りまいているヤツの苦労といったものを……」

「でも、こちらは全面マスクをつけているんですから、ぬいぐるみの比ではないと思いますよ。ズッと大変なはずです」

「わしももう少し若かったら、ぬいぐるみに入って子供に喜ばれるような楽しい仕事をするんやがな。全面マスクやアノラックの暑さや苦しさにも耐えられるんやから、ぬいぐるみなんか屁のカッパとちゃうか。それに放射能もないやろうから、楽勝や！」

山田さんは胡坐《あぐら》を組んだまま、阿波踊りを踊っているかのように小気味よく両手を振り出した。ひょうきんなその動きを見て、僕は反り返って笑った。

「手渡された紙ウエス（キムタオル）や布切れで磨いとる格好だけして、上がるぞ、という声がかかるのをひたすら待っとった。そやから、一緒に入った連中のほうばっかりちらちら見とったんや」

最新技術の粋を結集した原発内の放射能汚染を除去するのに、雑巾掛けである。それも、人海戦術で作業員がどっさりと被ばくしながら……。

「それで、浴びた線量は？」

「それが、放管員が教えてくれんかったんや。線量計を胸ポケットから取り出そうとすると、汚れた手で触ると被ばくするゆうて、放管からごっつう怒られてしもうた。ゴム手袋は二枚とも脱いどったから汚染することはないはずなんやけど、おかしなことを言うもんや。ほんまは、線量計の数値を見せとうなかったんとちゃうやろか?」

「一度ウェル内に飛び込むと、〇・二ミリシーベルト近く浴びるそうだから、山田さんもそのぐらい浴びたのではないでしょうか」

「ミリシーベルト? ミリレムじゃないんか?」

「混乱するでしょうが、最近では線量はミリシーベルトで表示されているんですよ。レムに直すと、二〇ミリレムということになります」

「たったの十五分ほどで、二〇ミリも食ったんかいな」

彼はあっけに取られた表情で叫んだ。


「入ったのは、そのときだけ?」

「いや、午後からもう一度入らされたんや」

二度入ったということは、山田さんは一日で〇・四ミリシーベルトほど浴びたことになる。

「現場では、足元にかなりの量の泥水が溜まっていたのと違いますか?」

僕は山田さんの日焼けした顔を見つめたまま低い声で言った。

「そうや、普通の泥水と違ごうてなんや妖気みたいなものが漂っとるように感じたけど、相当に放射能汚染しとるのとちゃうか?」

「そうですよ。もし滑って転んで泥水が長靴の中に入りでもしたら、無事ではすまないですよ。最悪の場合は、病院送りでしょうね」

「ほんまか？」

彼はごくりと音を立てて唾を飲み込んだ。

ずいぶん矛盾した話だが、原発では作業員の足元の泥水が高汚染されていることさえ教えてもらえない。労働者が怖気づくと困るからである。だから、危険に関することは何一つ教えてもらえないということをしっかりと頭に叩き込み、自分の身は自分で守るしかないのである。

円筒形の原子炉ウェルの底はつるつるしていて、おまけに中央がわずかばかり盛り上がっているので滑りやすい。盛り上がった中央には、人力ではとても開閉できない巨大なハンドルがついている。原子炉ウェルの目的や構造を知らない作業員たちは、巨大ハンドルを見て首を傾げる。これは、なんのためについているのだろうかと……。

その真下は原子炉格納容器であり、原子炉本体はその内部に納められている。ハンドルは、ここを開いて核燃料を出し入れするためについているのだから、作業員たちは原子炉格納容器の蓋に足をのせて除染作業をしていることになる。

使用済み核燃料を取り出すときには、原子炉ウェルに水を張り、蓋を開けてクレーンで井戸の底から吊り上げる。水面近くに達すると、プールとの仕切りを開放する。核燃料は水中に没している限り放射能を撒き散らすことはない。そうやって一度も空気に触れることなく、プール内に収納される。

使用済み核燃料は崩壊熱という猛烈な熱を発しつづけているので、海水で長期間冷却しなければいけない。テロの危険に曝されやすい建屋の天井付近よりも、使用済み核燃料プールはほんとうはもっと安全な場所に造られるべきなのだが、燃料交換の都合から高い場所に設けられているのである。

「そんなところで働いとるわしらは、まるでドブネズミみたいなもんやな」

山田さんは天井を仰いでため息まじりにつぶやいた。

高線量エリアは例外なく高温多湿

僕自身は二十年余り前、何号機だったかすっかり忘れてしまったが、福島第一原発で原子炉ウェルの除染作業に従事したことがあった。

それに最近では、廃棄物の仕分け場の拡張工事中に、女川原発の定検に工藤とともに応援要員として派遣され、そのときの作業現場が原子炉ウェルだった。

工藤と僕が浜岡原発からの応援者だったように、新潟県の柏崎刈羽原発や福井県の敦賀原発から送り込まれた者もいれば、青森県六ヶ所村にある再処理工場の下請け労働者も十名ほど来ていた。六ヶ所村のグループは陽気で人柄がよく、我々と同じ民宿で寝泊りしていた。

現場作業の初日は工藤と二人で、ウェル内作業者のテーピングや作業を終えて出てきた者の防護服を脱がしたりする補助の仕事を任され、その翌日には、敦賀原発の応援者たちとともに交代で入ることになった。

十メートル近い深さがある原子炉ウェルは、底のほうから火で炙《あぶ》っているかのように、ムッとする耐えがたい熱気が立ち上っている。

放射線は五感では捉えられないというが、高放射線エリアはなにゆえにこうも高温多湿なのだろうか。女川原発の定検は五月だったが、内部の温度は確実に三十度を超え、作業着を重ね着してアノラックスーツと呼ばれている防護服を着用しているので、体感温度は五十度近くまで達していたのではないだろうか。モンキータラップと呼ばれる垂直はしごを下っているときから、すでに全身汗まみれだった。が、もたもたしている暇はなかった。迅速に底までたどり着いて、命じられた作業に取りかからなければいけない。まさに時間との戦いなのである。

底にはレンガ色をした汚染水が二十センチほど溜まっている。長靴の足をつけたとたん、放射能が獣のように襲いかかってくるのを感じた。足元から、肉食獣の無気味な唸り声が聞こえてくるようだった。

真っ先に下りていたアトックスの監督が右手を高く掲げると、するするとロープに吊るされた小さな籠が下りてきた。籠の中には多量の紙ウエスが入っている。それを鷲づかみにすると、滑らないように剣道の達人のようなすり足歩行で移動しながら、H鋼の下などを拭いて回った。

紙ウエスでの除染作業にはコツがあって、ごしごしと力いっぱい磨けばいいというものではない。さっと拭くと、ひっくり返して裏側でもう一度拭く。それで終わりである。一枚のウエスでくり返し拭いたりすると、逆に汚染を拡散させることになるのだ。

足元の泥水は絶え間なくポンプで汲み上げられている。にもかかわらず、少しもプール内の水位が下がることはなかった。この汚染水は、おそらくはそのまま海に放流されているのだろう。もちろん、電力会社は否定するだろうが……。

プール内での作業中、内ポケットの線量計がいきなりわめき出すことはなかった。線量計がわめき声を発するよりも、我々がバテるほうが先だった。毛穴という毛穴から汗が噴き出し、その汗が長靴内に溜まって、歩くたびにちゃぽちゃぽと音を立てている。

「モンキータラップは滑りやすいので、上るときには充分に注意してください。体調と相談して、もし危険だと感じたら安全ロープを使用するように。昨年の定検のときには、意識が混濁して落下した作業員がいましたので……」

アトックスの若い監督が、腹話術の人形のような甲高い声で叫んだ。全面マスクの中の彼の顔は、むごたらしい暑さゆえに熟したトマトのように真っ赤に腫れ、大きく見開かれた目も血が滴っているように見える。

落下した作業員はどうなったのだろうか。まず間違いなく怪我をしただろうし、なによりも高汚染水を全身に浴びたはずである。だが、いつまでも考えつづけることはできなかった。耐えがたい暑さのために意識が飛びかけていたのだ。

モンキータラップの横に太いロープがぶら下がっている。頭がボーッとして注意力が散漫になっていた僕は危険だと判断し、このロープに安全帯をつけて上がり出した。一歩一歩慎重に、高汚染された地獄の底から、人間の住める世界に戻ろうとしていた。

タラップを一段上昇するたびに気温が下がり、呼吸が楽になっていくように感じた。やっとのことでフロア部分まで這い上がると、すぐに補助員が駆け寄ってきてテーピングを取り除き、アノラックスーツを背中からハサミで切り裂いてくれた。アノラックのズボンも両裾からハサミを入れられた。防護服を脱がせてもらったあと自分で全面マスクをはずすと、崩れるように床に腰を下ろして深呼吸をくり返した。

汚染される海と空

「今朝方《けさがた》、民宿の自転車を借りて海岸まで行ってみたんやけど、もう季節は秋の終わりやというのに波乗りをやっとる。それも、原子炉建屋のすぐ側なんや。御前崎には、自殺志願者の若者が多いのには驚いてしもうたよ」

そう言ったあと、彼は洞穴のような口を開けて「ケタケタケタ……」と笑った。

「自殺志願者ですか。このあたりのサーファーは、中電がしきりに宣伝している根拠のない安全論を鵜呑みにしていて、危険だということを知らないんですよ。犠牲者が出れば、気づくんでしょうけど」

「それから原発に近づくにつれ、なま暖かい気色の悪い風がふわっと襲いかかってきよったが、あれは温排水とちゃうか?」

「そうです、温排水ですよ」

彼が行ったのは浜岡原発の東側である。西側には新野川が流れ、東側には河童の伝説のある筬川《おさ》が流れている。筬川の土堤にあたる未舗装の細い道をたどると、しだいに風は激しさを増していき、河口に至ると帽子などは軽く吹き飛ばすような強風が常に吹きつけている。国内のほとんどの原子力発電所が風光明媚な海岸に建っているように、浜岡原発も遠州灘に面した風光明媚な砂丘の一角に築かれている。

海岸線を5号機方面に向かって少し行くと、サーフィンをするのに絶好の海岸がある。いい波のある日にはネットで教えてくれるとかで、真冬でもたくさんのサーファーが集まっている。

あきらかに自然のものとは違う暖かい風に頬をなぶられながら、波風に侵食された危なっかしい道をさらに進んでいくと、「これより当社所有地に付き立入禁止　中部電力株式会社」の立て札や看板やらが行く手を阻んでいる。

海岸には灰色のテトラポットが鎖のように繋がり、その隙間にコンクリートで囲った放水口が見える。そこから熱せられた排水、つまり温排水が勢いよく噴出している。

電気をつくるために、タービンを回転させた蒸気を冷やした海水が海へ戻されたものが温排水である。一基につき毎秒七十トンから百トンという凄まじさであり、その水量は一級河川に匹敵するのだという。三基稼動していれば、毎秒二百五十トン前後の放射能まじりの温排水が海を汚染させ、水温を七度から冬季には十度以上も上昇させている。

七度水温が上昇すれば魚にとってはヤケドする温度なので、この海域に棲息していた魚は姿を消し、地元の人々が一度も目にしたことのなかった南方系の大型魚が泳ぎ回っているという異様さ。背びれが曲がった魚が釣れたとか、目のない魚がかかったとか、奇形魚の話が囁かれている反面、釣り人が集まる人気スポットでもある。

釣り人がたくさん集まる関係で、このような死亡事故も発生している。平成二十一年（二〇〇九）八月五日というから、駿河湾地震の六日前ということになる。陽ざしが柔らかくなった夕暮れ時、釣りを楽しんでいたブラジル国籍の四十代の男性が放水口からの噴射流に足元をさらわれ、あっという間に沖まで運ばれたのだった。

事故死があっても、いまだに放出口周辺は絶好のポイントらしく、天気のいい日には釣り人たちは立ち入り禁止の立て札を無視し、柵として設けられたワイヤーをくぐって急勾配の斜面を下っていく。監視カメラは近づく者を睨みつけている。しかし、釣り人は黙認されているのだろう、彼らの姿を捉えてもけっしてガードマンや機動隊員が現われることはない。

原発擁護派の学者が著したものを読むと、温排水は周辺海域の海洋生物になんら影響を与えていないと書かれていた。最初から最後まで、読んでいるこちらが恥ずかしくなるような嘘や詭弁《きべん》で埋め尽くされていて、まさに腐った魂が書いた腐った文章であった。

原発ができるまでは、このあたりの海は、アワビ、サザエ、伊勢えびなどの宝庫だったが、「温排水のせいでまったく獲れんようになってしもうた」と、顔見知りの漁師さんが嘆いていた。建設前には、海水温の変化はせいぜい一度か二度程度だと説明されたらしい。聞いて回ると、中電にはこのような嘘が実に多い。

沿岸で採れた海藻を、ときおり会社に持ってきてくれる漁師出身の同僚がいる。ある日彼は、プラスチックの大きな容器にワカメのサラダをいっぱい詰めてきて、昼食時に我々に振舞ってくれながら、「最近、ワカメやカジメなどの海藻がめっきり取れんようになってしもうた。やっぱり温排水のせいだろう、磯焼けが進行していて、まるで海が砂漠みたいになっとる」と盛んにぼやいていた。

彼には悪いがその話を聞いてから、親切心でせっかく持ってきてくれたワカメを食べることができなくなった。表面的には美しく澄んでいるように見えても、原発周辺の海は死滅寸前なのではないだろうか。

そんなところで採れた海藻を、口にしたくないというのが正直な気持ちだった。

海を汚しているのは温排水だけではない。タービン建屋内にあるランドリーでは、管理区域で使用された作業着などを洗濯しているので、たとえ微量であってもこの洗濯排水にも放射能が混じっている。作業着だけでなく、全面マスクや黄長靴もランドリーで洗浄されていて、その廃液も遠州灘に流されている。

浜岡原発には約三千人が所属している。このうち中電社員は七百二十人余りで、下請け労働者は中電の三倍ほどの約二千二百人が常時働いている。滅多に放射線エリアに入域しない中電社員を除いても、二千二百人の下請け作業員が一日二回管理区域に立ち入ったとすると、毎日四千四百着の黄色のツナギ服を洗っている計算になる。それに定検がはじまれば、この二倍以上の汚染作業着が出ることになる。

「昔は汚れまくっとる作業着は焼却処分しとったけど、最近では中電もケチになってしもうて、全部ランドリーに持ってきよる。だから洗ったのをサーベイしてみると、放射能汚染の基準を超えているヤツが結構ある。その場合にはもう一回洗濯せんといけんのだが、洗濯物がいっぱい溜まっとって忙しいときには、洗濯済みにして畳んで棚に並べることにしとる」と、ランドリーで働いている友人は語っていた。

たとえ洗濯排水が周辺海域を汚染させても、ランドリーの作業者たちはけっして中電の共犯者ではない。それから、いつも汚染した作業着に囲まれているランドリー係は、内部被ばくする確率がもっとも高いと言われている。

それに近頃では、いままで一度使用しただけで焼却処分されていたゴム手袋が、不経済だということで再利用が検討されている。ゴム手袋は汚染物質を直接つかむので、汚染度は尋常ではない。だから再利用が確定して洗濯することになれば、確実にランドリー係の被ばく量は大幅に増えることになり、海の汚染度も増すことになる。

他にも使用済み核燃料プールの循環水や、核燃料交換のたびに原子炉ウェルには水が満たされ、特に定検時には除染したときの排水がごっそりと出る。これらの高汚染水の捨て場も海なのだろう。と言うよりも、海しかない。フィルターを使用していて、汚染を極力防いでいると中電は弁解するだろうが、どれだけの効果があるのだろうか。

遠州灘の荒波が洗濯廃液や冷却水などの汚染水を希釈《きしゃく》すると高をくくっているのだろうが、海水よりも比重の高いストロンチウムや放射性セシウム、それにプルトニウムのような猛毒物質は、浜岡原発沖の海底にかなりの量が沈殿しているはずである。

イギリスやドイツなどの原発先進国を例にとるまでもなく、国内の他の原発ではすでに、放出口付近の海底の泥土、海藻などの汚染が発生していると聞いている。浜岡原発周辺海域の汚染に対して、すでに漁業補償は済んでいると中電は声を荒げるかも知れないが、海は漁師や漁協だけのものではない。だから我々にも補償をよこせと言っているわけではなく、これ以上海を汚さないで欲しいと頼んでいるのである。


では、大気汚染はどうなのだろうか。

「環境や人体に影響のない程度」と言い訳しながらも渋々認めているように、原子炉運転中にウラン燃料から発生する放射性希ガスや放射性ヨウ素などが、日常的に御前崎の空に向けて放出されている。

土地の人の話では、以前は陸地から海側に向いて風が吹いているときだけ放出していたのだという。ところが最近ではそのような電力側の配慮もなくなり、いつでも排出するようになったのだとか。まさに、浜岡原発から出るものすべてが放射能汚染している。

排気筒を百メートルの高さにしたのは、放射能という毒物を少しでも遠くへ飛ばし、拡散するためだった。だが中電のもくろみ通りにはいかなかったようで、風に煽られた落葉が吹き寄せられるように、わずか一キロ弱の一帯に降り注ぐことになった。その地域では、ガンの発症率や死亡率が極端に高いのだという。

原発の墓場

「ところで、川上さんは何号機で働いとるんかいな?」

眼鏡の奥の目を細め、穏やかな声で山田さんが言った。

「2号機の地下で、定検などで出たゴミをドラム缶に詰める作業をやっています」

「ゴミって、放射能汚染した?」

「そうですよ」

「それも難儀な仕事やな。でも、1号機と2号機は廃炉になるんとちゃうんかいな。そのようなことを聞いた覚えがあるんやが……」

「まだ決定ではないんですが、どうもそうなるみたいですね」

「いずれ原発の時代は終わるやろうけど、そのときのために取り壊したりせんと、核燃料を抜き取ってしっかり除染したあと、浜岡原発の建物はすべて残しとったほうがええと、わしは思っとるんや。原発の墓場としてな」

「原発の墓場ですか？」

「そうや、モニュメントとしての原発の墓場や。浜岡原発は特別危険な原発として、世界的に注目度が高い。それに東海地震の危険が騒がれとるのに、世論や国民の怒りの声などまるっきり無視し、堂々と5号機まで建設したんやからな。厚かましいもんや。それだけでも、充分にモニュメントとしての価値があるいうもんや」

「原発は一つ許可すれば、同じ場所にまた一つ、また一つと造られてしまうものなんですよ。そうなると、巨大地震の震源域の真上であっても関係なくなるのでしょうね。6号機建設の話まで出ていますからね」

「6号機まで造ろうとしとるんかいな」

「ええ、中電のことだから住民の了解が得られたとかまくし立てて、強引に建ててしまうでしょうね。5号機のときは、そんな感じだったそうですよ。住民が賛成したといってもごく少数で、そのほとんどが原発の利権に関係した連中ばかりですからね」

「なんという中電の強欲さ」

「その通りですよ。企業の利益優先で、事故を起こせば国を危うくするなどということは、まったく、眼中にないのでしょうね」

「つい最近、チェルノブイリの石棺を世界遺産にするという記事を読んだことがある。そんならついでに、浜岡原発も早いとこ国が全原子炉のストップを命じて、世界遺産の登録申請をしてもらいたいものや。

人類の愚かさの象徴としてな。それに、スリーマイル島の原発も加えんと、アメリカに怒られてしまう」

「ハハハハ……。世界遺産とは、ずいぶんスケールの大きな話ですね」

「けっして荒唐無稽な話とはちゃうで」

「しかし、労働者がこんな話をしていると知ったら、中電は怒りますよ。だから、現場では絶対にしないように。物騒な連中を雇っているそうですから」

「中電が?」

「噂ですけどね。でも、世界遺産の可能性は大いにあると思いますよ」

「わしはいずれ、必ずそうなると信じとる」

山田さんは警戒するように周囲を見回して、小声でつぶやいた。

「そうですよ。広島の原爆ドームや、ユダヤ人多量虐殺の舞台となったポーランドのアウシュヴィッツ強制収容所のように、浜岡原発の建屋群も人類の負の遺産として登録されるようになるかも知れないですね。実際に、そうなれば楽しいのですが……」

3・11の前だったので、御前崎市内にある古びた民宿の一室で山田さんと冗談まじりにこのような話題で盛り上がったが、現在では世界遺産の地位と名誉を福島第一原発に譲ったことになる。ただ、福島第一は汚染水や除染の問題、それに原子炉の底を突き破った核燃料や死の灰をなんとかしないといけないので、世界遺産に登録されるとしてもかなり先の話になる。

その日、坂上さんが民宿に戻ってきたのは夕食の時刻になってからだった。山田さんがパチンコには勝ったのか聞いていたがやはり負けてしまい、有り金をすべて使い果たしたとしょんぼりしていた。

七時前に彼らのもとを辞した。そして三日後に仕事を終えて再び民宿を訪ねたのだが、部屋には相棒の坂上さんがいるだけで、山田さんの姿はなかった。

「山田さんは尻割《けつわ》ってトンコしたんや」

困惑していると、坂上さんがポツリとつぶやいた。

尻割ってトンコするとは、仕事が嫌で逃げ出すことである。

「それは、いつのこと?」

「二日前の夜まではおったんや。十時過ぎに電気を消し、すぐに山田さんは寝入ったようやったけど、朝起きたらもう姿が見えなんだ。早朝にこっそりと出ていったんやと思うで。いまごろは大阪に着いて、西成の空気を腹いっぱい吸うとるやろうな」

「逃げるような兆候はありました?」

「トンコすることは聞いとらんが、ここの仕事は嫌やと飲むたびにグチっとった。こないだの日曜日、あんたが遊びにきた日の夜も飲みながら、放射能をたくさん浴びると病気も心配やけど、中は暑うて暑うて体がつづかんで、とぼやいとった。おそらくは、そのときから逃げる算段やったんとちゃうか」

「でも山田さんは、大阪まで帰る旅費をよく持っていましたね」

「大阪まで帰るのに金なんかいるもんかね。フリーパスよ」

「つまり、無賃乗車ってこと?」

「まあね」

そのような話をしていると、勢いよくドアが開いて一人の男が入ってきた。ドアの外にはもう一人いて、油断のない目つきでこちらの様子をうかがっている。肩を揺すって室内に侵入してきたのは、三十代半ばと若い。この男がボーシンらしい。顔立ちはワルそのもので、堅気の人間にはとても見えなかった。

「あんた、なんか用かいな?」

「この部屋にいた、山田さんの知り合いなんですが……」

「山田! 山田はおらんで。それとも、あいつがおらんようになったんは、おまえがいらん知恵つけたんとちゃうやろな?」

男はこちらの頭のてっぺんから足元まで、値踏みするように視線を這わせたあと、向こう傷のある凶悪そうな顔に殺気をみなぎらせてスゴんだ。その直後、坂上さんは猫のようにスルリと部屋から抜け出ると、どこかに姿を消した。

僕が口ごもっていると、「もうええから、ここにはこんといてや。ここは出入り禁止や」と男はこちらを上目遣いに睨みつけ、部屋の外にいる相棒に目配せして出ていった。そのあと僕はすぐに民宿から飛び出し、寮に戻った。

あの男が言ったように、もしかすると山田さんの逃走に、僕も一役買っているのかも知れない。しかし、わずかな稼ぎのためにここに残って働きつづけるよりも、被ばくの危険性を考えると、結果的に逃げたのは正しい選択だったのではないだろうか。大量被ばくをあたり前のように強いられる、それが定検労働者だった。

それから、山田さんは黙っていなくなったのだから、原発から退出するときに不可欠であるホールボディ・カウンターを受けていないことになる。ホールボディ・カウンターとは、内部被ばくの有無を測定する機械のことである。

定検のときには、日本全国から千五百人から二千人ほどの労働者が集められ、高放射線エリアでは人海戦術で作業が進められる。労働者たちは三、四日から長くて二ヵ月ほど滞在して工事に従事する。しかし被ばくを恐れたり、過酷な労働を嫌がって逃走する者は、原発とは無関係の世界で暮らしている人々には、信じてもらうのが困難なほど数多くいる。

たとえ作業員が行方知れずになっても、退出時の被ばくのデータは絶対に残さなければいけない。法律で定められているのだ。かと言って、山田さんを例にするならば、彼に指名手配をかけて浜岡原発まで連れ戻し、ホールボディを受けさせるという手間暇のかかる方法を取るわけではない。誰かに身代わりで受けさせ、山田さん本人の記録として残すのである。

他の者を代役に立てるのは、姿をくらました労働者を雇用している業者の元請け会社。作業員の中から年恰好の似た者、できることなら同じ作業していた者をピックアップして受けさせるわけである。だから、もし山田さんが内部被ばくしていても、代役が問題なければ問題なしとして処理される。こんなやり方でほんとうに問題ないのだろうか。そして中電も、代役を立てることを必要悪として認めている。

第七章

雇用保険加入を頼んだら解雇される

アトックス寮。1階の左から3つ目の部屋に、僕は5年間住んでいた。
現在は取り壊されていて、敷地は建築用の資材置き場になっている。

同僚の自殺

美粧工芸の従業員の大半が御前崎市か、その周辺の市町村の出身だったので、詰所には地元の方言が蝿のように鬱陶《うっとう》しく飛び交っていた。

きわめて地元色の強い社内にあって、他県出身者は四名いた。前所長で東京出身の高橋氏。福島県の片田舎が郷里だという現在の所長の玉川氏。それから古い友人で、工藤と僕をこの土地に呼び寄せてくれた田崎は福岡県博多の出身だった。

その田崎は平成十七年（二〇〇五）一月、風さえも凍るようなとりわけ寒さの厳しい真冬のことだったが家庭の問題でふらりと家出し、一ヵ月近く行方不明になっていたせいで美粧工芸を解雇されていた。だからよそ者の残りは、九州大分出身の工藤と岡山から出てきた僕の二人ということになる。

五十歳過ぎで独身者の所長は二十数年間、美粧工芸一筋でやってきたとのことだったので、二十代の終わり頃にはすでに勤務していたことになる。こんなちっぽけな会社でそれだけ長くつづいたということは、よほど居心地がよかったのだろう。

胆石持ちで、「この苦しみだけは、体験した者でなければ絶対にわからん」とよく愚痴っていて、胆石が暴れた翌日は必ず仕事を休んでいる。柄になく植物が好きなようで、寮二階の非常階段の踊り場に彼の作品が展示されている。

言動に軽薄さが多分に感じられる玉川所長とは対照的なのが、前所長の高橋氏である。長く所長をつづけてきた経歴に加え、威圧感に満ちたいかつい面構えと、若い頃には倶利伽羅紋々《くりからもんもん》を背負ったごろつきを相手に、新宿などの夜の盛り場で大立ち回りを演じていたというのが自慢話で、排他的な傾向の強い地元出身の従業員を完璧に手なずけていた。

とにかく口を開けば昔の喧嘩の話題か、それにまつわる武勇伝が飛び出すのである。そんな前所長のことを、僕はひそかに「チンピラじいさん」と呼んでいた。

社内で絶大の権力を握っている前所長に対して、一部の従業員は犬のように服従している。そのような者はテクノ中部やアトックスの社員にも卑屈な態度を取り、まるで男芸者のような振る舞いを見せていた。自分の子供ほどの年恰好の監督から、面と向かって〝廃棄物〟呼ばわりされても怒ることなく、いじけた笑いでごまかしている。僕にはとても真似できない芸当だった。

強い相手に媚びるような者は、その反動で弱い者には威張り散らすものである。同僚のTさんは、無口でおとなしい性格ゆえに同じ地元出身の仲間たちから毎日のように暴言を吐かれたりして、悪質ないじめを受けていた。

元請けの人間が下請け労働者を理由なくいじめるという話はよく耳にするし、実際にあることだが、同じ会社の人間が仲間をからかったりして虐待の標的にしているのである。彼らの態度は、小さな生き物をいたぶる猫のようにタチが悪かった。

そのTさんが、平成二十年（二〇〇八）一月三日、御前崎市郊外にある「ホタルの里公園」という美しい名前を持つ小公園の裏山にある松林の中で、まだ明るい時刻に首を吊って亡くなった。一月三日は、僕は正月休みでタイの家族のもとに帰っているときだったから、八日に帰国してから知ることとなった。

彼は最近、二十年間連れ添った奥さんと離婚したばかりだったので、その問題で悩んでいたのは事実である。しかし同僚たちから邪険にされ、日常的に屈辱的な言葉を投げかけられていたことも、彼を自殺に追い込んだ原因になっているのは疑いようがなかった。

この会社は、昔の村社会の縮図そのものであった。所属する「村」のルールやしきたりに従わなければ、たちまち異端者のごとき目で見られるようになり、差別を受けることになる。つまり村八分である。

五十歳になるTさんは社内では完全に浮いた存在であり、同僚たちの了見の狭い排他主義によって、村八分となった犠牲者だった。それに彼の性格的な弱さも、いじめを助長する要因になっていた。そして会社に反旗をひるがえすことも、いじめた者に反撃することもなく、自ら命を絶ったのだった。

Tさんの死後、陰湿ないじめの中心にいた者たちは沈黙をつづけていた。ガサツで思慮に欠ける彼らも、さすがに仲間の自殺はズシリとこたえたのだろうと思っていた。が、どうも違っていたようなのである。そんななまやさしい連中ではなかった。一ヵ月もたたないうちに、死者を冒瀆するような文句を平然と口にするようになった。

現場作業の終了後、帰宅できるまでのわずかな時間を詰所で過ごしているときだった。寄り集まって雑談している連中の中から突然、「あいつが死んで、からかえる者がいんようになったもんだで、寂しゅうてかなわん。誰かあの世までいって、あいつを連れ戻してくれんかいのー」という問題発言が高笑いとともに響いてきた。

苦悩の末に死を選択した同僚を笑い者にしているのである。人間性の欠けらも感じられないセリフを発したのは、Tさんを事あるごとにいたぶっていた古狸だった。彼には、善悪を判断する能力が生まれつき備わっていないのでは、と思うしかなかった。

この不埒な発言に追随するように何人かは下品な笑い声を上げ、その他の連中はうつむいて苦笑いを浮かべているだけで、戒める者は誰一人としていなかった。

雇用保険のない立場に不安を抱く

働き出した当初から僕は、雇用保険さえないという身分に強い不安を抱いていたが、平成十九年（二〇〇七）の暮れあたりから、なおさらそのことについて真剣に悩むようになった。仕分け場の設備が一新した約半年後、地元の者二名が新たに雇用されたが社員という待遇だった。工藤と僕だけが、いつまでも臨時作業員という不安定な立場に置かれたまま、便利使いされていた。

ある日のこと、僕は思い切って所長に相談した。せめて、雇用保険だけでも加入させて欲しいと訴えたのだった。しかし、玉川所長はそのような問題にかかわりたくなかったらしく、「そんな話は、高橋さんにしてよ！」と怒ったように叫んだ。

それで僕はやむなく、苦手な存在である前所長に相談した。彼は蛇のような冷ややかな目つきで、僕の訴えを黙ったままうなずいて聞いているだけだったが、これでなんとかしてもらえると信じた。

ところが年が変わって二月になると、六十五歳になっていた高橋氏が来月いっぱいで退職するという話が届いてくるようになった。浜岡原発では、年齢が六十五歳を過ぎると建屋内での作業に就けない規則になっている。

高齢者の多い美粧工芸では、毎年一人か二人が退職している。だから前所長と言えども他の従業員同様、職場から消えていくのは自然ななりゆきだった。

その前に雇用保険加入の件は、彼の最後の仕事として奔走してくれるのではと期待をかけていた。もしやってくれなかった場合には、もう一度所長に頼んでみよう。そのときには、遠慮なく頼めるはずだった。

前所長の高橋氏は三月半ば頃から現場に入らなくなり、昼間は詰所で待機するようになった。退職までの数日間を詰所でぶらぶらして過ごすのだろうと思っていたところ、月末近くなると、どうやら会社に残るようだといった話が聞こえるようになった。

その話を裏づけるように彼自身も、自分の取り巻きたちに向かって「係長に出世した」と、嬉しさを隠せない様子で自慢しているのを目撃したことがあった。


この頃のことだが、厚生年金に加入したいと訴えていた工藤が社員として雇用されることになった。彼は「工藤企工」というダミー会社の代表兼作業員として、僕と同じように三次下請け会社の美粧工芸から業務を受注する形で働いていたが、その不安定な身分から脱出し、めでたく社員になったわけである。

だが社員という身分を獲得した代償として、給料がいままでの三分の二に減額されることになった。減額についての納得のいく説明はなかったらしい。

僕はいまさら社員に未練はなかったが、雇用保険にだけはこだわった。

「社長に話はしてくれているんでしょうね？」

相談を持ちかけた約四ヵ月後の三月末、出勤した直後に高橋氏に問い詰めた。係長に出世し、事務職に専念することになったのだから暇はいっぱいあるはずなのに、いつまで待っても梨のつぶてで、少しも誠意の感じられない高橋氏に対して僕は業を煮やしていた。

「あたり前じゃないか、社長にはしっかりと話を伝えている。だから催促なんかしないで、おとなしく待っていればいいんだ」

朝っぱらからパソコンゲームに熱中していた彼は、忌々しそうな表情でこちらを睨みつけ、怒鳴るように返答した。しかしその後も、いくら待っても相変らず進展がない。僕はけっして無理難題を言ってるわけでも、無茶な要求をしているわけでもなかった。労働者として当然の権利である、雇用保険に加入させて欲しいと頼んでいるだけだった。

四月に入ると、数名の下請け作業員を殴って北陸のほうに飛ばされていたアトックスの白石が、浜岡営業所に戻ってくるようだという噂がしきりに聞こえるようになった。その話題は二月か三月頃から急に立ち上るようになり、この頃にはかなりの信憑性を持って取り沙汰されるようになっていた。

白石とは、五章の「原発労働者にはどうしてうつ病患者が多いのか？」の中で登場した暴力社員のことである。アトックスの名誉のためにひと言つけ加えると、彼の他に下請け作業員に乱暴を働くような社員はいない。せいぜい、暴言を発する程度である。

島流しの刑罰からめでたく放免され、八年ぶりに浜岡原発に舞い戻ってくるのはどうやら事実らしいとわかったあと、あの暴れ者はいったいどこに回されるのだろうか？　つぎに被害に遭うのはどの現場の下請け連中だろうか？　と我々は興味深々、あるいは戦々恐々といった感じで注目していた。やがて、彼が配属される作業現場が正式に決まった。その現場とはなんと、我々のいる「ゴミ課」だったのである。

そして四月末、注目の的であった白石が復帰した。噂通りがっしりした体型をしていて、顔はクマのようにいかつい。だが裏日本で骨抜きにされたのか、それとも下請け労働者を殴ったことを深く反省したゆえなのかわからないが、我々の前に現れた白石は獰猛なクマではなく、子犬のようにおとなしくなっていたのだ。

突然の解雇

何度頼んでもやっていると言うだけで、そのあとは道端に転がっている石ころのように無視されつづけていた。元請け会社のアトックスには御用組合がある。だが、吹けば飛ぶような末端の業者である美粧工芸には、御用組合さえも存在しない。だから、しつこいと煙たがられても、訴えつづけるしかなかった。

六月になって再び高橋氏のところにいき、どうなっているのか詰問した。

「ほんとうにやってくれているんですか?」

僕はイライラした声で叫んだ。

「俺が嘘を言ってるとでも思っているのか」

高橋氏はこちらを睨みつけ、噛みつくような形相で叫んだ。言いたいことは山ほどあったはずなのに、眼光の鋭さにたじたじとなった。

「いや、そういうわけでは……」

「間違いなくやっているんだから、文句を言わずに待っていればいいんだ」

居丈高なもの言いだった。不安を抱きながらも、このときは引き下がるしかなかった。

のちに僕が美粧工芸の社長と会うことですべて明白になるのだが、雇用保険に加入させて欲しいというこちらの訴えはやはり社長のもとには届いていなかった。前所長が独断で握りつぶしていたのだ。真剣な訴えを、嘘で返されていたのである。


浜岡原発で働くようになってちょうど五年目の平成二十年（二〇〇八）八月十六日のことだった。昼食のあと詰所で寛いでいると、突然、玉川所長から呼ばれた。急いで彼の側までいくと、「今日の作業後、話したいことがあるので……」と告げられた。

詰所で話があるのだろうと思っていたところ、作業後に詰所に戻っても声をかけてくる様子がない。そのうち帰宅の時刻になった。所長は立ち上がると、こちらにちらっと視線を送ってきたが結局、ひと言も発することなく帰り支度を整え出した。

いつものようにマイクロバスで寮に到着すると、駐車場に前所長の姿があった。

「ちょ、ちょ、ちょっと待ってよ。川上さんは車に乗っていてよ」

マイクロバスから降りようとすると、玉川所長は泡を食った感じで僕を制した。従業員が全員降りたあと、高橋氏がマイクロバスに乗り込んできた。そして、冷血動物のような冷ややかな目つきで僕に向かってこう言った。

「仕事が暇になったので、今月いっぱいで辞めてもらうことになったから……」

いきなり解雇を告げられたのである。自分の耳を疑うほど意外であった。一瞬、悪い夢を見ているように感じた。あわてて玉川所長に視線を向けると、小心者の彼は灰色の顔を緊張でこわばらせ、前所長の言葉を追いかけるように「急に暇になったので、辞めてもらうことになったからね」と猫なで声でくり返している。

「それで、雇用保険の件はどうなりました？」

高橋氏に向き直ると、僕は声を絞り出した。

「辞めてもらうんだから、手続きは何もしていない」

「以前頼んだとき、いまやっていると言ってたじゃないですか。あの話は嘘だったんですか？」

「……」

「どうなんですか。はっきり言ってくださいよ」

「……とにかく、辞めてもらうことになったから」

高橋氏は重々しい口調でつぶやき、再び刃物のような冷たい目をこちらに向けた。社長に話を伝えていると嘘をついたあと、おそらくはこちらの背中に向かって蝮《まむし》の毒を含んだ舌を突き出していたのだろう。

それにしても、僕の年齢では新しい職場にありつけるのは困難とわかっていて、まるで〝物〟を捨てるように、いらなくなったからといって無情にも切り捨てようとしているのである。それに今月末で辞めてもらうと告げられたが、あと半月しかない。

五年前、工藤と僕は社員として雇用されるはずだったのに、それを無理やり覆したのはこの前所長だった。以前、田崎がこっそりと教えてくれたのである。社員として雇われる流れを邪魔され、いまは彼の存念で解雇されようとしている。

悔しくて腹立たしくて、突然、突きつけられた解雇通告を大声で拒否してやろうかと思った。その権利はあったはずなのに、なぜか僕は魂を抜かれたように無言でコクリとうなずいただけだった。

悪魔のささやき

うつ病を病んで去っていったアトックスの増田さん同様、僕は原発をとても危険な存在だと考えていた。それでも同僚たちを含め、浜岡原発に所属している人々に向かって、危険性を訴えるような愚を犯したことは一度としてなかった。

もしそのような話題をほんの少しでも口の端に上らせれば、あっという間に反原発のレッテルを貼られて居場所を失い、やがて弾き出されてしまうだろう。だから浜岡原発で働いている限り、放射線エリアを嫌悪する発言さえも極力口にしないようにしていた。それに、働いていたときはまじめな労働者だったと思っている。

悪夢のようであった。歯ぎしりするほど無念でならず、解雇を告げた二人を、特に前所長を憎んだ。彼らにとっては一人の作業員のクビを切ったに過ぎないだろうが、こちらとしたら死活問題だった。仕事を失うと、妻子のもとへ送金ができなくなる。

心の中ではひそかに、解雇を告げられる以前に戻って、あれは冗談だと打ち明けられることを期待したが、もちろん永遠にその日が訪れることはなかった。

数日前まで展望できた未来が幕を下ろされたように暗く閉ざされてしまい、この頃の僕は、まるで蜘蛛の巣にからめ取られた羽虫のようにジタバタしていた。なんとかしなければという苦悩や焦燥感にくり返し襲われたが、いくら思考をめぐらせてもどうしたらいいのか、皆目見当がつかなかった。

それに解雇を言い渡されたとたん、同僚たちの態度ががらりと変わった。自殺したTさんのように面と向かって何か言われることはなかったが、どうかすると気に食わないといった感じで睨まれることもあった。視線に棘が含まれるようになったのである。

寮に帰り、夜布団に入ってもなかなか安眠というわけにはいかなかった。それに深夜必ず目が覚め、そのまま朝まで眠れないこともしばしばだった。眠れないまま、解雇まで残り数日しかないという思いが自然と脳裏に浮かび、悩ましさに気が狂いそうだった。まるで、自分自身の死刑執行日を待っているような心境だった。

寝不足のせいだろう。微熱の状態がつづいているような熱っぽさや体のだるさを自覚していた。それに、やり場のない怒りや不満が胸の内部を駆け巡り、ストレスが溜まりに溜まっていた。うつ病をわずらっているアトックス社員同様、この時期の僕はまさにうつ病患者そのものであった。

残酷な早さで日々は過ぎていき、やがて八月二十日が訪れた。職場に出られるのも、あと二日間だけである。陰鬱な気持ちを引きずるようにして出勤した。その日も仕分け室内部はうだるような暑さだった。午後になって、いつものように廃棄物の処理作業をしていた僕は、急に暑さに耐えられなくなった。そのとき仕分け室には、テクノ中部の監督の堀が入っていた。

「体調が悪くなったので、先に外に出るから」と僕は彼に告げた。

この職場で五年間働いたが、作業を途中で投げ出したのは初めてのことだった。

堀の返事を聞かずに外に向かおうとしていると、背後から「チェッ!」と舌打ちが聞こえた。プライドの高い彼のことである、憎々しげな表情でいるのが目に見えるようだった。が、かまうことはなかった。

振り返ることなくドアの外に出ると、フードマスクをむしり取るように顔面からはずした。

チェンジング・プレースで黄服を脱いでいると、堀から連絡を受けたのだろう、外部作業をしていたアトックスの松浦氏が近寄ってきて、心配そうな表情でこちらを見ている。

「調子はどう?」

遠慮がちな彼の顔つきは、僕の解雇をすでに知っていると語っていた。

「あまりよくないから、一足先に上がらせてもらうよ」

仕分け室から出ると体調はほぼ回復していたが、あえて僕は先に詰所に戻るからと告げた。松浦氏は大きくうなずき、仕分け室まわりの作業をしていた工藤を呼んで、一緒についていくように命じた。

一階に向かう鉄製の階段を一歩一歩たどりながら、この階段をたどるのも今日が最後だろうという予感があった。五年間、数え切れないほどこの階段を往復した。もう地獄の穴倉に向かわなくてもいいんだと考えても、気分が晴れることはなかった。

「ここまでで充分だから」

脱衣場の入口手前で工藤に告げた。

「それじゃ、俺は現場に引き返すけど、ほんとうに大丈夫？」工藤は僕の顔を覗き込むようにして言った。

「なんだったら、詰所までついていこうか」

感の鋭い彼のことだから、なんとなく不穏な空気を感じ取っていたのではないだろうか。しっかり監視していないと、何か仕出かすのではという胸さわぎを……。

「いや、大丈夫だ。心配かけたね。もう、職場に戻ってくれてもいいから」

そこで工藤と別れた。それでも不安な思いを完全に払拭できなかったのだろう、松の廊下をたどりながら心配そうな表情で何度もこちらを振り返っていた。


工藤の姿が見えなくなると脱衣場に入り、作業着を脱ぎ捨ててランドリーの台車に投げ入れた。パンツ一枚の姿で手を洗っていると、いきなり前所長の顔が脳裏に大写しになった。いま詰所に戻ると顔を合わせることになる。

すでにクビを切った者に対しては、苦情らしきことや嫌味は言わないだろうと思うけど、あの蛇のような目つきで、「現場を退出するのが、やけに早いじゃないか」と間違いなく睨みつけてくるだろう。

「大嘘つきのクズ野郎め！」

この二週間、たっぷりと敗北感を味合わされた。その張本人が前所長であった。威張るしか脳のない虫けらのようなヤツに解雇されたと考えると、内臓が震えるほどの激しい怒りを覚え、胸の内部に暴風雨のような荒々しい感情が湧き起こった。

それと同時に、友人の工藤が側にいたときには考えもしなかった悪魔的な想念がムクムクと頭をもたげてきた。それは愚か者の合理性を欠いた犯行に似ていた。つまり原発で労働者が倒れたら、どうなるだろうかという興味であった。

他に労働者の影のない広々とした手洗い場でジャブジャブと手を洗いながら、僕は小さくうなずきつづけていた。これ以上の妙案はないように思えた。どうせ明日を限りに解雇される身の上なのである。屠殺場に引かれていく牛や豚のように、おとなしく処分されるなんて真っ平御免だった。僕のクビをちょん切ったヤツらをギャフンと言わせなければ、一生の悔恨を残すことになる。

愚の極みかも知れない。だが、その愚を実行せずにはいられないほど追い詰められていた。半ば感情をコントロールできなくなっている。いや、壊れかけていたのかも知れなかった。顔は緊張でこわばり、青ざめていたことだろう。

心臓が早鐘を打っている。

「倒れろ！」

悪魔のささやきが聞こえてきた。

「そうだ、倒れてやれ」

そう考えると血がたぎり、全身が熱くなった。

体表面モニターの前で立ち止まり、昏倒したときの第一発見者となる監視員を横目で見た。まだ三時前だったので、ここにいるのは彼と僕の二人だけだった。馬面をした高齢の監視員は、眠そうな目つきで椅子に座ってボンヤリしている。彼は解雇なんて想像したこともないんだろうな、と考えると再び腹が立ってきた。

心地よい緊張が、稲妻のように全身をつらぬいている。

「よし、倒れよう」

五体に渾身の怒りと恨みを込めて倒れようとした。が、自分の格好を見て思いとどまった。パンツ一丁という格好なのである。倒れると当然、人々の好奇の目に曝されることになる。それでは、あまりにもみっともない。ほんとうに意識を失うのなら恥ずかしいなどという感情は抱きようもないが、僕は演技で倒れるのである。

やむなく体表面モニターにかかった。そのあと、普通に歩いてロッカールームに向かい、衣服を着用してその場に寝転んだ。二分間近く横になっていたが、誰もこないので場所を変更することにした。体表面モニターの近くまで引き返し、さきほどの監視員の視覚内で床に倒れた。

浜岡原発に救急車を入れることに成功する

ノックアウトされたボクサーのように華々しく倒れたわけではない。薄いカーペットの敷かれた床に静かに寝転んだのである。

床に倒れているのを、すぐに発見してくれるだろうと期待してしばらく横たわっていたが、少しも状況に変化がない。直線にしてたった六、七メートルしか離れていないのに、なぜか見つけてくれないのだ。薄目を開けると、年配の監視員は今夜の晩酌のことでも考えているのか、一人で盛んににやついている。

業を煮やした僕は、監視員に向かって「おーい」と叫んだ。それでも、まだ気づかない。にやけたままである。こんどは鋭く「おい！」と叫ぶと、はっと夢から覚めたような顔つきになり、やっとこちらに視線を向けた。睨みつけたまま、「ちゃんと仕事をしろよ、仕事を！」と小声でつぶやき、監視員が大急ぎでどこかに電話をかけるのを、視界の片隅でとらえてから目を閉じた。

この直後の記憶がなぜか飛んでいる。このような状況では、気を失うのが自然だと脳が判断したのかも知れない。どうやら四、五分間意識を失っていたらしく、何度か頬を叩かれて目を覚ました。すると、中電の社員二名が取り乱した様子で僕の顔を覗き込み、両手で激しく体を揺すりながら「大丈夫ですか」と叫んでいる。

「大丈夫じゃないから倒れているんだよ〜」と胸の中でつぶやきながら体を海老のように曲げ、痛みに耐えているように顔をしかめ、さも重体であるかのごとく振る舞った。ついでに、傷ついた獣のようなうめき声を発して丸太ん棒のように転げ回った。

これらの演技をやり過ぎだとか、あるいは倫理的に問題ある行動だなどとは、露ほども思うことはなかった。弱者の身を挺した抵抗だと考えていた。

固く目を閉じていても、野次馬がアリのように集まっているのは充分にわかっていた。倒れている僕を渦を巻くように取り巻き、潮騒のようにざわめいている。

倒れたままというのも芸がないので、取り巻いている人々に対するサービスのつもりで何度も動物的なうめき声を発し、苦痛に耐えられないというように転げ回り、さらに念を押すつもりで小刻みに痙攣をくり返した。

気持ちはしだいに大胆になり、演技も大胆になっていった。癲癇《かんしゃく》持ちのように泡を吹き、白目を剥いて気を失った振りをしてやろうか。それとも、浜岡原発全体に響くほどのわめき声を発してやろうか。恥ずかしさなんて感情は微塵も湧いてこなかった。いまなら、なんだってできる。

やがて胸に熱いものが込み上げ、涙が出てきた。虚仮《こけ》にされた悔しさからなのか、涙が止まらない。気がつくと、いつの間にか中年の女の人が僕を介抱していて、やさしい言葉をかけてくれている。その人からコップの水を手渡され、僕は砂漠の旅人のようにむさぼり飲んだ。


「ゴクゴク」と喉を鳴らして水を飲んでいると、遠くに奇跡のようにサイレンの音が響いた。風に乗ってはっきりと聞こえる。浜岡原発内に救急車を入れることに成功したのである。救急車は原発が近づくと、地域住民に不安を与えないためにサイレン音を消すと、以前どこかの原発で聞いたことがあった。だけど、堂々と響かせている。

サイレンの音が接近している最中に担架が運ばれてきた。中電社員が僕の両脇に手を差し入れ、もう一人が足首を握って担架に乗せようとした。でも、二人とも体力がないのでよろよろしている。

二人の息づかいが、特に僕の上半身を抱えている将棋の駒のような角ばった顔をした中年社員の、「ハー、ハー」という荒い息づかいが絶えることなく響いている。一度床に下ろされ、「よいしょ」という感じでなんとか担架に乗せることに成功した。そして持ち上げたが、やはりよろよろしている。運ばれながら、落とされないかとひやひやしていた。

救急車の停止する音が響き、威勢のいい掛け声とともに駆けつけた救急隊員にバトンタッチされた。彼らはプロなので足取りもしっかりしている。担架のまま救急車に運び入れられている最中、猛烈な睡魔に襲われた。強力な睡眠薬でも服用したかのように、僕は一瞬のうちに眠りの渦に吸い込まれた。

遠くから呼ぶ声が何度か聞こえ、目覚めると強烈な光に目を射られた。

「ここは天国?」と一瞬思ったが、もちろん違っていた。眼鏡をかけた中年の医師やら看護師さんやら数名がベッドに寝転んでいる僕を取り囲み、覗き込んでいる。

病院に運ばれたのだ。白衣姿のひょろりと背の高い男性医師が聴診器で診察をはじめた。だが、どこも悪くないのだから医師もすぐに気づいたらしく、少し問診されたあと処置室のベッドに放って置かれた。

近くにいる、さつまいものような体形の看護師さんに病院名を尋ねると、間髪を入れずに「御前崎総合病院よ」という返事が戻ってきた。やはり、原発立地交付金をたっぷり投入して建てられた病院に運ばれたのだ。

そのあと再び眠りに落ちたが、ひそひそ声で目を覚ました。ベッド脇にはうちの所長やアトックスの若い社員がいて、心配そうな表情を浮かべている。しばらくすると、中電社員数名が処置室に入ってきた。しかし、こちらをちらっと見ただけで、すぐに出ていった。

熱に浮かされたように思い切った行動を取ったが、いくらなんでもやり過ぎだったと後悔するようになっていた。だから、ベッド脇にいる玉川所長らが声をかけてきても視線を合わせるのがせいぜいで、何を問われても返答するのがためらわれ、黙したままでいた。

屈辱的な面接

その夜、福井県の敦賀から転勤してきたばかりの新次長の車で病院から寮に戻った。

解雇された怒りから、仮病をよそおって原発内で倒れるというヘタな芝居を演じたが、一夜明けるとなおさら、馬鹿なことをやってしまったという自責の念に苦しめられるようになっていた。

仕事にいかないで部屋にいると、昼頃、玉川所長が訪ねてきた。

「明日、退所のホールボディを受けて欲しいんだけど……」

解雇直前になってへそを曲げられたら困るとでも考えていたのだろう、まるで腫れ物にでも触るかのようにへりくだった所長の態度だった。僕は無言でうなずいた。

翌朝、迎えにきたマイクロバスで浜岡原発に赴いてホールボディ・カウンターを受け、そのあと入門証とIDカードを玉川所長に渡した。それらを返却すると、浜岡原発に入れなくなる。いっさい関係がなくなるのだ。身を切られるような思いで渡したのを覚えている。

その日の夕方、テクノ中部の副所長の上沼氏から連絡があった。彼とは飲み会の席などで何度か言葉を交わした程度の関係だったが、僕が職を失ったと聞いて心配し、さっそく電話をかけてくれたのだった。電話の中で、「懇意にしている会社に就職できるように頼んでみてやるよ」と言われたときには、不覚にも涙がこぼれそうになった。彼は面倒見のいいことで定評があった。

就職先として紹介してくれたのは、なんと水野建設だった。浜岡原発に参入している企業の中で、もっとも働きたくない会社を上げるなら間違いなく水野建設ということになる。しかし、いまはそんな贅沢を言える立場ではなかった。

部長が面接してくれるというので、二日後の昼間、指定された国道一五〇号線沿いの喫茶店に出かけた。部長のM氏とは、テクノ中部主催の飲み会で何度か顔を合わせたことがあり、知らない間柄ではなかった。

だがひと言でいうなら、彼には僕を雇う気持ちなどハナからなかった。上沼氏の顔を立てるために会ってくれただけなのである。

ひどい面接だった。こんな屈辱的な面接を経験したことは過去に一度もなかった。

「働いてもらうとしても臨時ですよ」

最初に慇懃なもの言いで釘を刺された。

社員でないことに落胆したが、こちらの年齢的なこともあって仕方ないとあきらめ、「もちろん、それでかまいません」と落胆した様子をおくびにも出さずに答えた。

「臨時ですから、賃金もそれほど出せませんよ」

美粧工芸でいくらもらっていたか質問したあと彼は、「うちではそんなには出せません。それに、三ヵ月ごとに雇用契約の更新をしてもらうことになりますが、それでもかまいませんか?」と、こちらを値踏みするような顔つきでつぶやいた。

なんとしても仕事が欲しかった僕は、それでもかまわないと告げた。

「さきほど三ヵ月ごとの更新と言いましたが、一ヵ月ごとに更新してもらうようになるかも知れません。それでも差しつかえないですか?」

こちらが妥協するたびに、条件がどんどん厳しくなっていくのである。そのあげく、十日ごとの更新になると言われたときに、初めて雇う気が少しもないことを知った。

水野建設のふざけた面接の翌日、御前崎市にはハローワークがないので、バスと電車を乗り継いで掛川市にあるハローワークに向かった。

僕は車を持っていないので、自転車でいける御前崎市内か、隣接する牧之原市あたりの工場か運転手関係の仕事を捜した。もちろん事務職でも、それ以外の職種でも問題なかった。しかし不景気なのか、条件の合う仕事どころか雇用そのものがないのである。

職員に就職の相談をしたあと雇用保険の話をすると、僕のようなケースでも会社が加入していないというのはあきらかに過失であり、会社が保険料を滞納していたことになるとのことだった。五年間も浜岡原発で働いていたのなら、過去に遡って保険料を納めれば受給資格が得られるので、失業給付を受けながら仕事を捜したほうがいいのでは、と説明されて寮に戻った。

その夜、二階の所長の部屋に赴いて雇用保険の相談をしようと考えていると、好都合にもその前に所長が僕の部屋に訪ねてきた。彼の用件とは、早く部屋を空けて欲しいという要望だった。つまり、「出ていけ」と言ってるのだ。

いま寮を追い出されたら、たちどころに困窮するのはわかりきっている。だから僕は、雇用保険の手続きをしてくれたら、いつでも出ていきますと告げた。

岡山県倉敷市の住まいは、再び妻子と日本で生活するようになるかも知れないという思惑があって、こちらで働くようになってからも家賃を払いつづけていた。

しかし平成十七年（二〇〇五）、世間を騒がせたヒューザーの耐震偽装事件が発覚したあと建築基準法が改正され、僕たち家族が入居していた昭和四十年代に建てられた雇用促進住宅の建物は、「耐震強度に問題あり」と判定されて取り壊されることになり、すでに二年前に退去していた。

その住居が残っていれば、解雇された段階で帰郷していた。だけど、ないのだから正直な話、これから先どこに住むのかも決めかねていた。タイの家族のもとに向かうとしても、これから学費のかかる子供たちのために、いずれは職を求めて日本に舞い戻ることになる。

すぐにでも、会社が手続きをしてくれるものと考えていた。ところが翌夕、再び僕の部屋を訪ねてきた所長は、雇用保険の件にはひと言も触れようとせず、この部屋を早く空けてもらいたいという話に終始していたのだ。

「アトックスも困っているんだから、早いとこ寮から出ていってよ」

元従業員を思いやる気持ちの欠けらもないもの言いにカチンときた僕は、所長を部屋から追い出した。その翌日のことである。寮に住んでいる別の下請け会社の従業員から内緒だからと念を押され、美粧工芸が新しく人材を雇用する動きを見せているようだと告げられた。

会社への宣戦布告

仕事が暇になったからという解雇理由は、やはり偽りであった。こちらがしつこく雇用保険加入を迫ったものだから、実力者である前所長の逆鱗《げきりん》に触れ、それでクビにされたというのが真相なのである。めらめらと燃え上がるような怒りを覚えた。これでは意地でも、おとなしくしているわけにはいかなかった。売られた喧嘩は買わないわけにはいかない。

このとき初めて、会社から懇願されるままにＩＤカードを返却し、ホールボディ・カウンターを受けたことを強く悔やんだ。しかし、終わったことをいまさら後悔しても仕方ない。それに幸いなことに、こちらはまだ寮に住んでいる。だから、つぎに僕が取った行動とは、アトックス寮から退去しないことだった。

「新しい住いが決まるまで、寮に居させてもらいます」

その日の夕方、懲りずに追い出しにやってきた所長に対して、果たし状でも突きつける意気込みで宣言した。会社への宣戦布告であった。

それに、元請け会社であるアトックスへの怒りもあった。僕が美粧工芸から無理やり川上工業という幽霊会社をつくるように命じられたことを、間違いなく知っているはずである。それなのに、不正や企業悪に関してはアトックスのほうが年季が入っているせいなのか、注意することもなければペナルティを課すこともない。知らん顔である。

会社と闘う意思を固めたあと、まず最初にしたのは住民票の移動だった。郷里の倉敷市に置いたままだったのを、職を失ってから初めて御前崎市に移したのだった。

アトックスから厳命されたのだろう。夕方になると必ず悲壮な顔つきをした玉川所長がやってきて、「退寮してもらえませんか」と、酸素切れの金魚のように口をパクパクさせながら泣き声で訴えるようになった。けれども、僕を解雇させた張本人である前所長が姿を見せることは一度もなかった。顔を合わせにくかったのだろうと思う。

やがて、退寮を拒否しつづけている僕に対してまわりから、「会社に迷惑をかけるような人間だから、解雇されたのは自業自得」という声が聞こえてくるようになった。

生き方が不器用で、周囲の人とうまくやっていくのが苦手な性格なのは、自分でもよくわかっている。しかし、解雇を告げられるまでは会社に迷惑をかけるようなことは何一つした覚えがないし、命令に背いたこともなかった。

篭城十日目を過ぎると玉川所長は匙を投げ、代わってアトックスの係長や安全担当者が訪ねてくるようになった。昼間パソコンをやっていると、ドアをガンガン叩いて押し入ってくる彼らの吐くセリフはいつも決まっていた。

「新しい人が入るので、この部屋から出ていってくれ」の一点張りだった。

浜岡に赴任したばかりの、四十代のK次長の態度は強引で無慈悲だった。

「寮に不法滞在しているということで、警察に訴えてもいいんだぞ」

もっと別の言い方はできないのだろうか、まるで犯罪者扱いである。

その新次長に命じられ、寮住まいのアトックス社員によるバッシングがはじまったが、そのときも僕は抵抗の姿勢を貫き通した。すでに崖っぷち状態なのに、いま追い出されたらさらにどん底を味わうことになる。

たとえ相手が誰であっても、力ずくの追い出しに屈するつもりはなかった。巨木のようにどっしりと構えているつもりだった。けれども、さんざんなじられたり、犯罪者のような目で見られたときにはやはり落ち込む。いくら頑張っても限界というものがあり、じりじりと土俵際まで追い詰められている焦りを感じないわけにはいかなかった。

「誰か、こちらの味方をしてくれる人はいないのだろうか?」

孤独が音を立てて崩れそうだった。

工藤は、意固地に抵抗をつづけている僕とかかわり合うのは得策ではないと悟ったらしく、平然と避けるようになった。彼は念願の社員になったばかりだったから、巻き添えになるのを恐れたのだろう。友人にさえ見捨てられ、寮という牢獄の中で光が射すのをひたすら待ちつづけた。


四面楚歌状態の中で、少しでもアトックスの連中と顔を合わさないようにと考え、昼間は図書館に出かけて時間をつぶすことにした。コンビニで弁当と飲み物を購入し、開館直後の九時過ぎから夕方までこっていたのだから、まるで追われつづけ逃げ場に窮している落人のようなものだった。

通いはじめた頃は小説や東南アジアの旅行記、それに地元の民話や伝説について興味があったので、それらの作品を積極的に手にするようにしていた。やがて、原発関係の書籍に関心を持つようになる。

原発推進で凝り固まった市長や役場の職員たちの思惑で、市内の図書館には反原発の立場で書かれたものや、被ばくの危険性について述べられた書籍など置いていないか、あってもきわめて少ないだろうと予想していた。ところが、そこそこ取り揃えているのである。

図書館で原発関連の書物をむさぼり読むようになるとともに、夜にはネットで東海地震や浜岡原発に関する情報を検索するようになった。すると、自分は原発のことを何もわかっていなかったと自覚するばかりだった。通算すると十二年間も働いていたのに、原発の基本的なことさえ理解していなかったのである。

昼間は図書館だけでなく、掛川のハローワークにも週二度ほどのペースで職探しに通っていた。とにかく、いつまでも遊んでいるわけにはいかなかった。妻子への送金を滞らせないためにも、なんとかしなければと焦っていた。

ところが不思議なことに、ハローワークにいくたびに求職者数が急激に増えてきたのだ。建物内に入り切れない人々が駐車場に溢れるようになり、求人情報を検索するのも長時間待たなければいけなくなった。

特に日系ブラジル人の求職者が極端に増加している。日本語の達者なブラジル人青年に尋ねると、掛川にある工場に派遣労働者として五年ほど勤務していたのだが、つい最近、職を失ったのだという。彼のように、ブラジル人の求職者の多くがいきなり勤め先を解雇され、それで職探しに日参しているのだと語っていた。

その数日後のことだった。ニューヨークに本社を置く大手投資銀行グループの破綻がテレビで大々的に報じられるようになり、やがて、その破綻が世界経済に大きな影響を与えることになった。リーマン・ショックである。

サブプライムローン問題に端を発した、「百年に一度の金融危機」と言われるような不況のはじまりであった。日経平均株価も大暴落し、わずか一ヵ月で半値近くの六千円台まで下落した。

テレビのニュース番組では連日、製造業などの派遣労働者の大量解雇が深刻な社会問題として報じられるようになった。仕事を失ったのは、ブラジル人など外国からの出稼ぎ労働者だけではなかった。職と住まいを同時に失った日本人労働者が、日比谷公園に開設した「年越し派遣村」に殺到し、寒空の下、炊き出しに長蛇の列が出来る様子を報道していた。

テレビで映し出されている人々の中に、自分の姿をたやすく重ね合わせることができた。就職のむずかしい年齢に加えて深刻な不況の嵐。これでは、新しい就職先は逆立ちしても望めそうになかった。そうなるとたとえ一時しのぎであっても、雇用保険にすがりつくしかなかった。

美粧工芸と取り交わした契約書

五年前、ダミー会社をつくることを条件に働けるようになり、そのとき美粧工芸と契約書を取り交わしたことがあった。もしかすると、そこに契約期間の記載があるかも知れないと考え、押入れの中のものを引っ張り出して捜した。

やがて、「出向社員の取り扱いに関する協定書」と銘打たれたわずか四ページの小冊子を見つけ出し、ページを開いて食い入るように活字を追った。すると、第二条に「出向期間」という条文があり、そこには「出向社員の出向期間は、出向の都度甲、乙協議するものとし、原則として定めない」と記されている。甲は美粧工芸であり、乙とは僕自身のことである。

せっかく捜し出したのに、残念ながら契約期間の記載はなかった。これではなんの役にも立たない。だが、じっくり眺めているうちに、待てよ、と思った。この書類を受け取るときに玉川所長から、最初の契約は半年間だと説明された覚えがある。間違いない。遠くから光が射すように徐々に記憶がよみがえってきたのだ。

さらにそのとき、作業態度がまじめなら半年ごとに契約を更新するからと、恩着せがましく告げられたことも思い出した。仕事が暇になると、いきなり無給での長期休暇を命じられていたのに、契約期間があるというのはおかしな話である。だが、とにかくそう告げられたのだった。

しかし、書類にして受け取ったわけではない。口約束だけである。おまけに告げられたのはそのときだけで、それ以後、契約更新の説明を受けたことは一度もなかった。

もしいまでも半年ごとの契約の更新が続行しているのなら、来年二月いっぱいまで契約期間は残っていることになる。従業員の雇用期間は元請け会社に報告しているはずだから、アトックスに聞けばすぐにわかる。しかし、寮で頑固に抵抗をつづけている僕に、とても素直に教えてくれるとは思えなかった。

この頃、携帯に所長から電話があり、翌日の昼間、寮の玄関口で会うことになった。車の運転ができない所長を乗せてきたのは、前所長の高橋氏だった。マイクロバスの中で話をすることになった。

「今日、残りの賃金を支払うから……」

玉川所長はそう口にすると、封筒から何枚かの一万円札を取り出した。

「残りの賃金？」

「解雇通告したのち、一ヵ月間雇用しなければいけなかったのだが、こちらの勘違いで約半月で辞めてもらうことになった。だから残りの半月分を支払うから、これで郷里に帰ってくれないだろうか。もちろん、郷里までの旅費も一緒に支払うことにする」

契約はまだ半年間残っているので、それを全額もらえたら出ていくと告げた。すると、目をパチクリさせている所長に代わって、高橋氏がこの日初めて口を開いた。

「契約はすでに終了している。だから、いつまでも意固地になってうちの会社やアトックスに迷惑をかけていないで、この金を受け取り、早いとこ田舎に帰ってくれ」

「こちらは雇用されたときに取り交わした契約書を、このようなトラブルが発生したときのためにと考え、注意深く保管していたんですよ。その契約書には、半年ごとに雇用を更新すると記載されています。それに契約更新の話は、玉川所長からも直接口頭で告げられていますから」

と僕は言った。無論、半年間ごとの延長が契約書に記されているわけではない。あえてそのように述べて、相手の反応や出方を見ようとしたのだ。

「所長から告げられたと言っても、口約束だけならなんの意味もない。それに、あんたと工藤を雇うときに交わした契約書には、半年ごとの契約延長は書かれていないはずだ」

高橋氏は苦虫を噛みつぶしたような顔つきで叫んだ。

「いや、ちゃんと書かれていますよ。あなたの他人を射すくめるような鋭い目で、もう一度よく見てくださいよ。そして、あなたの頭の中には味噌汁の材料が入っているわけではないでしょうから、じっくりと眺めて内容を正確に理解したらどうですか」

「なんだと……」と凄みのある声が即座に飛んできた。

彼のだみ声を聞いたとたん、カーッと血のたぎるような闘争心が湧き起こった。

「偽装請負が職業安定法で禁止されているのは知っていますか？　違反すれば一年以下の懲役、または百万円以下の罰金に科せられるんですよ。もし罪が確定すれば、アトックスだけでなくテクノ中部や中電も知ることになり、場合によっては美粧工芸は浜岡原発を出入り禁止ということになるでしょうね」

「……」

相手の急所に矢を射込んだ。動揺の激しさをあらわすように前所長は視線を泳がせ、そのあとせわしなくまばたきをくり返している。何か言いたそうな顔つきでこちらを睨んでいる。だが、ひと言も言葉を発することはなく、すぐに目を伏せた。

「無理やりダミー会社をつくらされ、不利な条件で長年働かされたあげく、雇用保険の加入を頼んだらいきなりの解雇ですからね。これから先、そのことをあらゆる場所で訴えさせてもらいます」

「ダミー会社などと言ってるが、川上工業を名乗ったのはあんた自身じゃないか。それに契約書を作成したのは、あんたを浜岡原発に呼び寄せた田崎だ。だから、文句があるなら田崎に言ってくれ。美粧工芸や俺たちには関係ない！」

苦しい弁明をする前所長の顔には脂汗が浮かび、声は完全にひっくり返っている。

「関係ないって？」と僕は言った。「田崎が契約書を作成したといっても、パソコンオンチの所長から頼まれただけじゃないですか。責任の転嫁はみっともないですよ。それに、こちらが望んで川上工業を名乗ったような言い方をしているけど、偽装雇用を拒否したら、それなら残念だが郷里に帰ってもらうしかないね、と脅迫したのは所長ですからね。そうでしょ、所長」

玉川所長は汚染水のようなネズミ色というか、鉛の地金のような灰色の顔をいっそう灰色にして、横にいる前所長に助けを求めるようにちらちらと視線を送っている。

前所長は憎々しげな表情でこちらを睨みつけていたが、住民票を御前崎市に移動したことを告げると、「へえー、そうかい」とせせら笑った。

「そのように、笑っていられるのもいまのうちですよ。これから先は、美粧工芸をぶっ潰すつもりで遠慮なく闘わさせてもらいますから……」

二人が帰ると、孤軍奮闘している僕に対して、「組合に加入したら……」と二週間ほど前から助言してくれていた人に電話をかけた。翌日、その人の運転する車で磐田市にある全労連（ＪＭＩＵ）の地区支部に赴き、執行委員長の後藤桂一氏に、何一つ隠すことなくありのままを訴えた。

労働組合という言葉にはダークなイメージがある。だから、いままでかかわりを持たずにやってきたのだが、力の背景のない者はいくら頑張っても最後には敗北してしまう。一人で闘うのはこのあたりが限界だった。

そのあと組合が根回しをはかってくれたおかげで、会社との団体交渉にこぎつけることができた。首に縄をつけるようにして、力ずくで会社を交渉の場に引っ張り出したのだ。

御前崎市内にあるビジネスホテル「玄」四階のミーティングルームで団体交渉がはじまり、二度目の交渉のときには、東京から美粧工芸の牟田口社長が飛んできて話し合いがもたれた。四十代の二代目社長と会うのは二度目だった。前回に会ったのは、社長がアトックス事務所に挨拶に訪れたときであり、その頃にはまだ友人の田崎が在籍していた。

その田崎が会社に残っていたなら、彼の立場をどうしても考慮しただろうから、僕もここまで意固地になることはなかった。少なくとも、原発内で倒れるという茶番劇を演じることは絶対になかっただろうし、一ヵ月もの長きにわたって寮に籠城することもなかった。もっと穏やかに解決していたはずである。

牟田口社長とは二度の話し合いが持たれ、その結果、僕が執着していた雇用保険の権利を獲得することができた。それに、社長が積極的に調べてくれたおかげで、会社との契約は来年三月まで残っていることがわかった。やはり、契約の更新はつづいていたのである。そして結果的に、会社から約半年分の賃金を受け取るというかたちで決着がついた。こちら側の全面的な勝利だった。

　これで胃に穴が開くようなつらい闘いは終わった。そのあと僕は、御前崎市に住民票を移していたこともあって郷里には帰らず、寮を出ると新野川のほとりの安アパートに入った。

おわり

参考文献

『浜岡原発の危険　住民の訴え』浜岡原発を考える会代表　伊藤実　他著、二〇〇六年一月三〇日発行

『浜岡原子力発電所　浅根に建つ』鈴木俊夫著、二〇〇〇年一〇月二六日発行

『山桃の郷　原子の灯に展けゆく町〝はまおか〟』河原崎貢著、一九八四年一二月一二日発行、非売品

『佐倉の歴史　原子力発電所立地の歩み』浜岡原子力発電所佐倉地区対策協議会編、一九八九年八月一日発行

『浜岡町史』浜岡町史編纂委員会編、一九七五年三月二日発行

『原発の町から　東海大地震帯上の浜岡原発』森薫樹著、一九八二年三月二一日発行、田畑書店

『鈴鹿おろしに耐えて　原子力発電所立地　地域発展に尽力した首長たち』鴨川義郎　他著、二〇〇八年四月二九日発行、非売品

『静岡県　鉄道物語』静岡新聞社編、一九八一年一一月二六日発行

『浜岡原発の選択』静岡新聞社編、二〇一一年一〇月一四日発行

『続・浜岡原発の選択』静岡新聞社編、二〇一三年二月七日発行

『原発ジプシー』堀江邦夫著、一九七九年一〇年二六日発行、現代書館

『原発死　一人息子を奪われた父親の手記』松本直治著、二〇一一年八月一五日発行、潮出版社

『原発被曝日記』森江信著、一九八九年一月一五日発行、講談社文庫

『原発列島を行く』鎌田慧、二〇〇一年一一月二一日発行、集英社

あとがき

あとがきに書きたいことはいっぱいある。しかし今回は、友人のことだけを書いてみようと思う。浜岡原発で一緒に働いていた工藤という古い友人である。彼の名前は作品の中でたびたび登場するので、読者は記憶しているのではないだろうか。

その工藤は昨年、つまり平成二十九年四月十八日、静岡県掛川市にある「中東遠《ちゅうとうえん》総合医療センター」で亡くなった。病名は、悪性リンパ腫であった。彼はその前年の三月、六十五歳で美粧工芸を定年退職している。楽しみにしていた厚生年金を、わずか一年間受給しただけで他界したことになる。

発熱があり、異常に体がだるく、それに首筋のリンパ腺が腫れて大きな瘤ができて心配になった彼は、御前崎市内にある浜岡総合運動場近くのクリニックに駆け込んだ。しかし、クリニックの医師は少し診ただけで手に負えないと判断したのだろう、すぐに総合病院への紹介状を書いてくれた。

五年前の平成二十五年に開院したばかりの、このあたりではもっとも大きな病院である中東遠総合医療センターに赴いて検査したあと、緊急入院を言い渡された。すでに病状はステージ4まで進行していたのである。それが昨年の二月の終わり頃のことで、それから約五十日間、一度も退院することなく逝ってしまった。

工藤と僕とは四十年来の付き合いだった。福岡県中間市にある「北九州プラント」という、主に原発に人材を派遣する会社の同僚として付き合いがはじまった。四国電力の伊方原発では二年間近く一緒に働いていたし、玄海原発でも一緒だった。今回作品の中で玄海原発での過酷な労働のことを書いているが、彼もあの作業に従事していて、地獄のような蒸気発生器内に何度か飛び込んでいる。

それに彼とは、仕事が暇なときに二人だけで韓国を一週間ほど旅行したことがあった。二人とも、初めての海外旅行だった。昨年失脚した朴槿恵《クネ》元大統領の父親が大統領だった時代で、街には戒厳令が敷かれていて、夜十二時以降の外出は禁じられていた。古都慶州《キョンジュ》に行ったときには小さな旅館の一室で枕を並べて寝ることになり、彼の怪獣の鳴き声のような凄まじいイビキに悩まされたことを、数日前の出来事のようにはっきりと記憶している。

だが長年の友人だった彼とは、僕の解雇話が出た頃から関係にかげりが生じはじめ、解雇されてからはこちらもヘンに意固地になってしまい、顔を合わせてもほとんど言葉を交わすことはなかった。だから僕は、工藤が悪性リンパ腫で入院したことさえ知らず、おまけに彼が亡くなったのを知ったのは、死後一年近く経過した今年の二月になってからだった。

それに彼が美粧工芸を退職したあと、御前崎市に住んでいることさえ知らなかった。工藤は以前から、年金をもらうようになったら郷里の大分県竹田市に帰って暮らすんだとたびたび語っていた。だから、てっきり向こうに帰ったものと思っていたのだ。

僕には、「入院していることを知らせないでくれ」と田崎に言ったと聞いたときには、寂しさを感じた。それに、闘病生活を教えなかったのは僕に対してだけではなく、自分の惨めったらしい姿を見せたくなかったらしく、こちらで親しくなった人々にも連絡を取ることはなかったのだという。

工藤の実の姉さんが大分から出てきて看病していた。でも、いつまでもこちらに滞在しているわけにはいかないので、ほとんど田崎一人だけが燃え尽きようとしていた友人に付き合っていたことになる。自分が浜岡原発の仕事を紹介したので、こうなってしまったという自責の念があったらしく、病院には週に五日から六日も通ったのだという。田崎が病室に顔を見せると、片手を上げて気軽に歓迎の意を表していた。しかし、奥さんと一緒に見舞いに行ったときには恐縮して、「ありがとう」とくり返し礼を述べ、涙を流していたのだという。

喋るのもつらい様子だったので、付き添っていてもあまり会話はなかった。だがたまに、ギャンブル好きの工藤のために競艇や競馬の話をすると、とても喜んでいたのだという。食事は毎食出ていたが、せいぜいスプーンでお粥《かゆ》を一杯か二杯口に入れるだけで、ほとんど食べられない状態だった。点滴で生かされていたようなもので、治すための入院ではなく、ほんの少し生きながらえるための入院だったということになる。

食事は取っていないような状態だったので、便の始末をすることはなかったが、田崎が何度か尿瓶《しびん》の世話をしたことがあった。病室は個室だったが、尿をトイレに捨てに行ってるあいだ掛け布団がめくれて下着が露出していると恥ずかしかったらしく、田崎に強く抗議したこともあったのだという。自分で掛け布団を直すこともできないほど衰弱していたことになる。

いよいよという時期に差しかかると、病院から連絡を受けた姉さんが大分から出て来て、病室に寝泊りするようになった。そして、立ち木が枯れていくように急激に衰えていき、平成二十九年（二〇一七）四月十八日の早朝に息を引き取った。翌日の十九日、隣接する牧の原市の火葬場で荼毘に付した。田崎の家族三人と、工藤の姉夫婦と娘さんだけという寂しい見送りだったと聞いている。

我々三人の中ではもっとも健康的に見えた工藤がまっさきに逝ってしまったのは、皮肉というしかない。

「田崎と僕は美粧工芸を解雇されたおかげで、こうやって生き延びている。だけど、解雇をまぬがれた工藤は死んでしまった」

田崎と会ったときに、思わずこんな文句が口から飛び出した。田崎はにが笑いしていたが、案外そのことが三人の運命をわけたのではないだろうか。

僕は解雇された直後に、原発労働から完全に離れた。しかし会社に残った工藤は、その後もさらに九年間もの長きに渡って被ばく労働に従事していた。だから彼は僕よりも十年以上も長い、通算して二十三、四年間働いていたことになる。大学を出た二十二歳に就職したとすると、彼の職歴の半分以上は原発にかかわっていたことになる。

平成二十一年、厚生労働省は被ばく労働による職業病疾病リストに、「多発性骨髄腫」と「悪性リンパ腫」を加える方針を固めた。被ばくすることによって、発症する確率が増えると認めたのだ。だから、もし遺族が労災請求をおこなえばたやすく認定されるはずである。仮に電力会社が異議を申し立てても、裁判に持っていけば勝てる種類の病になったということになる。

それから、同じ御前崎市内に住んでいた友人が業病で苦しんでいたことも、死亡したことさえ知らなかったのだから、美粧工芸の他の同僚や、浜岡原発で毎日のように顔を合わせていた下請けの連中は果たして無事なのだろうか、という思いを抱くようになった。作品の中でもくり返し述べているように、原発労働は確実に寿命を縮める。

今年の四月十八日に一周忌を迎える。翻訳作品では、誰それにこの本を捧ぐ、という文句をしばしば目にする。そんな照れくさいことは僕にはできないので、前作の『原発放浪記』には仮名の佐藤で登場させていたのを、工藤という本名に直した。それが僕なりの供養だと思っている。

平成三十年四月十二日

[著者略歴]

川上武志（かわかみ　たけし）

岡山県倉敷市出身。1947年3月10日生まれ。

平成15年（2003）8月から浜岡原子力発電所で下請け労働者として5年間余り働いたのちも、そのまま御前崎市に居住して、原発の危険性を訴え続けている。申し入れがあれば、原子力館や浜岡原発周辺をガイドしている。

メールアドレス　hamaoka2009@ut.ciao.jp

放射能《ほうしゃのう》を喰《く》らって生《い》きる
——浜岡原発で働くことになって

2018年5月20日　初版第1刷発行　　定価2000円＋税

著　者　川上武志©
発行者　高須次郎
発行所　緑風出版
〒113-0033　東京都文京区本郷2-17-5　ツイン壱岐坂
［電話］03-3812-9420　［FAX］03-3812-7262［郵便振替］00100-9-30776
［E-mail］info@ryokufu.com［URL］http://www.ryokufu.com/

装　幀　斎藤あかね
制　作　R 企 画　　印　刷　中央精版印刷・巣鴨美術印刷
製　本　中央精版印刷　　用　紙　中央精版印刷・大宝紙業　　E1200

　ISBN978-4-8461-1807-5　C0036

◎緑風出版の本

■全国どの書店でもご購入いただけます。
■店頭にない場合は、なるべく書店を通じてご注文ください。
■表示価格には消費税が加算されます。

チェルノブイリの嘘

アラ・ヤロシンスカヤ著／村上茂樹 訳

四六判上製
五五二頁
3700円

チェルノブイリ事故は、住民たちに情報が伝えられず、また、事故処理に当たった作業員が抹殺されるなど、事故に疑問を抱いた著者が、ソヴィエト体制の妨害にあいながらも、独自に取材を続け、真実に迫ったインサイド・レポート。

原発に抗う

『プロメテウスの罠』で問うたこと

本田雅和著

四六判上製
232頁
2000円

「津波犠牲者」と呼ばれる死者たちは、今も福島の土の中に埋もれている。原発的なるものが、いかに故郷を奪い、人間を奪っていったか……。五年を経て、何も解決していない現実。フクシマにいた記者が見た現場からの報告。

放射線規制値のウソ

真実へのアプローチと身を守る法

長山淳哉著

四六判上製
一八〇頁
1700円

福島原発による長期的影響は、致死ガン、その他の疾病、胎内被曝、遺伝子の突然変異など、多岐に及ぶ。本書は、化学的検証を基に、国際機関や政府の規制値は十分の一にすべきだと説く。環境医学の第一人者による渾身の書。

フクシマの荒廃

フランス人特派員が見た原発棄民たち

アルノー・ヴォレラン著／神尾賢二 訳

四六判上製
二一二頁
2200円

フクシマ事故後の処理にあたる作業員たちは、多くを語らない。「リベラシオン」の特派員である著者が、彼ら名も無き人たち、残された棄民たち、事故に関わった原子力村の面々までを取材し、纏めた迫真のルポルタージュ。

世界が見た福島原発災害
海外メディアが報じる真実

大沼安史著

四六判並製
二八〇頁
１７００円

福島原発災害の実態は、東電、政府機関、新聞、御用学者による大本営発表とは異なり、報道管制が敷かれ、事実を隠されている。本書は、海外メディアを追い、政府マスコミの情報操作を暴き、事故と被曝の全貌に迫る。

世界が見た福島原発災害 2
死の灰の下で

大沼安史著

四六判並製
三九六頁
１８００円

「自国の一般公衆に降りかかる放射能による健康上の危害をこれほどまで率先して受容した国は、残念ながらここ数十年間、世界中どこにもありません。」ノーベル平和賞を受賞した「核戦争防止国際医師会議」は菅首相に抗議した。

世界が見た福島原発災害 3
いのち・女たち・連帯

大沼安史著

四六判並製
三二〇頁
１８００円

政府の収束宣言は、「見え透いた嘘」と世界の物笑いになっている。「国の責任において子どもたちを避難・疎開させよ！　原発を直ちに止めてください！」―フクシマの女たちが子どもと未来を守るために立ち上がる……。

世界が見た福島原発災害 4
アウト・オブ・コントロール

大沼安史著

四六判並製
三六四頁
２０００円

安倍政権は福島原発事故が「アンダー・コントロール」されていると宣言し、東京オリンピックの誘致に成功した。しかし、海洋投棄の被害の拡大や汚染土など何も解決していない。日本ではいまだ知られざる新事実を集成。

世界が見た福島原発災害 5
フクシマ・フォーエバー

大沼安史著

四六判並製
二九二頁
２０００円

福島第一原発事故から五年。東京は放射性セシウムの「超微粒ガラス球プルーム」で、人体影響が必至。凍土遮水壁失策、汚染水は海へ垂れ流し。六〇〇トンの溶融核燃料が地下に潜り再臨界する恐れなど、憂慮すべき真実が……。